Kremer | Sylt

Bruno P. Kremer

Sylt

Ein Naturreiseführer

Quelle & Meyer Verlag Wiebelsheim

Die Angaben in diesem Buch sind vom Autor und dem Verlag sorgfältig erwogen und geprüft, dennoch kann keine Garantie übernommen werden. Eine Haftung des Autors bzw. des Verlags und seiner Beauftragten für Personen-, Sach- und Vermögensschäden ist ausgeschlossen.

Bibliografische Information der Deutschen Nationalbibliothek
Die Deutsche Nationalbibliothek verzeichnet diese Publikation in der Deutschen Nationalbibliografie; detaillierte bibliografische Daten sind im Internet über http://dnb.d-nb.de abrufbar.

www.quelle-meyer.de

Umschlagabbildungen: vorne: Hecker, F. (o., u.l., u.r.), Kremer, B. P. (u.m.), Blickwinkel (über F. Hecker) (m); hinten: Hecker, F. (o.l.), Kremer, B. P. (o.r., m, u.)
Druck und Verarbeitung: Belvédère Print & Packaging b.v.
Printed in Europe/Imprimé en Europe

ISBN 978-3-494-01972-7

Inhaltsverzeichnis

Einladung zwischen zwei Meere
Erlebnisvielfalt pur ... 9
Uneingeschränkte Beliebtheit ... 11
Ein Name, viele Deutungen ... 15
Eine klare Adresse ... 16

Ein wenig Inselgeologie
Älter als der Atlantik ... 18
Ein Erbe der Eiszeit ... 19
Ständiger Auf- und Abbau ... 20
Zwei lange Nehrungsarme ... 20
Steinreich und vielfältig ... 21
Ständig auf dem Rückzug ... 24

Von der Frühzeit bis zur Gegenwart
Es begann in der Jungsteinzeit ... 27
Markanter Materialwechsel ... 30
Die Friesen kommen – und bleiben ... 31
Nabelschnur Hindenburgdamm ... 32
Natur- und Landschaftsschutz auf Sylt ... 35

Die Sonne über Sylt
Jeden Tag ein wenig anders ... 40
Vom Sylter Klima ... 41
Motivation für ein wenig Astronomie ... 44
Und noch ein nächtliches Abenteuer? ... 45

Sylter Wellen – von Wasser, Wind und Wogen
Ein wichtiger Zeitgeber ... 48
Der Wind und das Wellenspiel ... 53
Die See auf See ... 54

Vom Sand am Strand
Wie Sand am Meer ... 58
Das ist interesSand ... 58
Wie Wellenrhythmen Furchen formen ... 60
Von kleinen zu größeren Formen ... 60
Ein wenig Dünamik: Sand in Serie ... 62
Es geht stetig aufwärts ... 62
Wie Dünen altern ... 64
Die weitere Entwicklung ... 67
Keine natürlichen Wälder auf Sylt ... 68

Zwischen Marsch und Meer – die Salzwiesen
Ein besonderer Biotop ... 72
Pioniere immer vorneweg ... 73
Vom Watt zur Wiese ... 77
Mini-Mangrove am Prielrand ... 78

Bei den Watvögeln am Watt
Ein echtes Kontrasterlebnis ... 81
Standortwechsel ist angesagt ... 84
Wattvögel sind sie alle ... 86
Nutzbare Nahrung satt ... 89
Mauser zwischen Rast und Reise ... 93
Schöne Fundstücke ... 94

Von Robben und Walen
Der Jahreslauf der Seehunde ... 98
Die Kegelrobben sind zurück ... 99
Sylt und die Wale ... 103
Eine lange Bekanntschaft ... 104
Wale live erleben ... 105
Auch Wale stranden ... 106

Unterwegs am und im Watt

Das Watt im kurzen Überblick 109
Weltweit das Größte 110
Amphibische Welt 113
Die Unterwelt ist tiefschwarz 114
Leben unter Tritt und Schritt 115
Tiere mit Tiefgang 116
Besondere Begegnungen 118
Strandkrabben exemplarisch 119
Gestapelte Schnecken 122
Und noch ein Alien – die „Sylter Royal“ 124
Quallen 124

Das muss ich sehen

Braderuper Heide 129
Eidum-Vogelkoje 131
Erlebnis-Ausstellung „Arche Wattenmeer” 133
Erlebniszentrum Naturgewalten 134
Kampener Vogelkoje 135
Morsum-Kliff 139
Naturschutzzentrum der Naturschutzgemeinschaft Sylt 141
Europareservat Rantumbecken 143
Sylt-Aquarium 145
Sylt-Museum 146
Tierpark Tinnum 147
Uwe-Düne 148
Wanderdünen im Listland 149
Weinbau auf Sylt 152
Weißes Kliff 153

Anhang

Bildnachweis 156
Zum Weiterlesen 157
Empfohlene Karten 159
Register 160

Die Insel ist ein interessantes Ländchen,
interessant freilich nur für den sinnigen Naturfreund,
der sich dem Zauber der wildromantischen
Naturscenerie hinzugeben vermag.

Boy Peter Möller (1843–1922)

Einladung zwischen zwei Meere

Sylt, nördlichste der Nordfriesischen Inseln und nach geologischen Kriterien noch unverhältnismäßig jung, gehört mit ihrem Besucheraufkommen unzweifelhaft zu den beliebtesten Ferien- bzw. Urlaubszielen Deutschlands. Die rund 1 Mio. Inselgäste, die das langgestreckte Eiland mit dem nördlichsten landfesten Punkt Deutschlands jährlich aufsuchen (oder besser: heimsuchen?), kommen zweifellos mehrheitlich, um die herbe Andersartigkeit und Schönheit der einzigartigen Insellandschaft mit ihrer eindrücklichen Natur zu erleben – inklusive der geradezu fantastischen und kilometerlangen Badestrände mit ihrem Strandsand aus feinstem Granulat.

Erlebnisvielfalt pur

Mit ihren völlig verschiedenen Inselflanken bietet die Insel Sylt eine beachtliche Bandbreite von Landschaftseindrücken – mit der brandungsoffenen

So lieben es die Sylt-Fans – eine klare Aufforderung zum Brandungsbaden.

Die Wattenmeerseite von Sylt zeigt sich im Allgemeinen wesentlich moderater.

Nordsee im Westen, dem meist deutlich gemäßigteren Wattenmeer im Osten und dazwischen auf den beiden viele Kilometer langen, nach Norden und Süden orientierten Nehrungsarmen eine unvergleichlich schöne Dünenlandschaft mit steilkuppigen Sandanwehungen und Deutschlands flächengrößter Heidelandschaft, die vor allem während der spätsommerlichen Blütezeit der Heidekrautgewächse (meist zwischen dem 08.08. und 09.09. eines Jahres) einen ungemein pittoresken und sonst kaum zu erlebenden Aspekt bieten.

Von besonderem Reiz sind natürlich auch die im Umkreis etwa von Archsum, Keitum und Morsum eingestreuten Grünländer und andere abwechslungsreiche, landwirtschaftlich geprägte Fluren, die man so wunderbar per Rad erkunden kann.

Vom Aussichtspunkt Uwe-Düne in Kampen hat man beide Sylter Meere im Blick: links die offene Nordsee, rechts das Wattenmeer.

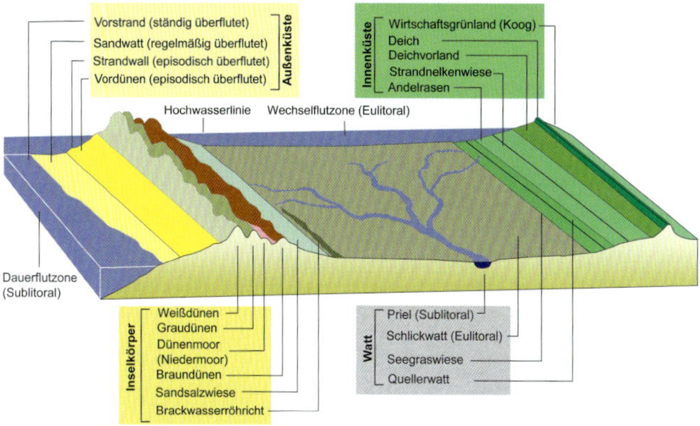

Der kilometerweit nord-südlich gestreckte Inselkörper von Sylt besteht aus vielen parallel und geradezu gürtelartig gestaffelten Lebensräumen – für Naturliebhaber Erlebnisvielfalt pur.

Erklärte Naturliebhaber finden hier tatsächlich eine Menge Anregungen zum Beobachten, Erfahren und Erleben – für schon Sensibilisierte sozusagen Achtsamkeitstraining auf der ganzen Linie und für andere ein sicherlich wirksamer Impulsgeber, um erneut einmal Naturnähe nachhaltig zu genießen und zu verinnerlichen. Seit 1985 gehören die Seegebiete rund um Sylt (mit Ausnahme des Inselkörpers selbst) zu den Nationalen Naturlandschaften und sind Bestandteil des rund 4200 km² großen Nationalparks Schleswig-Holsteinisches Wattenmeer (dem größten in Deutschland). Seit 2009 sind sie sogar verdientermaßen als UNESCO-Weltnaturerbe geadelt und zudem Bestandteil des Nationalen Naturerbes. Beides verdient Respekt.

Uneingeschränkte Beliebtheit

Viele Besucher, dazu die saisonalen Residenten und die Einheimischen sowieso, halten Sylt nicht nur für die vielfältigste, sondern sogar für die schönste der (nordfriesischen) Inseln – kein Wunder angesichts der kilometerlangen und geradezu traumhaften Strände.

0 2 4 km
N
Walschutzgebiet
List
Kampen
Wenningstedt
Braderup
Munkmarsch
Westerland
Tinnum
Keitum
Archsum
Morsum
Rantum
Hörnum
1
2
3
4
5
6
7
8
9
10
11
12
13
14
15
16
17
18
19
20
21
22
23
24
25
26
27
28
29
30
31
32
33
34
35

Die topographisch vereinfachte Inselkarte benennt die Ortslagen und die lohnendsten Anlaufpunkte: 1 Ellenbogenspitze, 2 Leuchtfeuer List-Ost, 3 Leuchtfeuer List-West, 4 Königshafen, 5 Uthörn, 6 Lister Koog, 7 Erlebniszentrum Naturgewalten, 8 Alt-List und Wanderdünen, 9 Blidselbucht, 10 Kampener Vogelkoje, 11 Quermarkenfeuer Kampen (außer Betrieb), 12 Uwe-Düne, 13 Braderuper Heide und Weißes Kliff, 14 Denghoog, 15 Naturschutzzentrum der Naturschutzgemeinschaft Sylt, 16 Leuchtfeuer Kampen mit Hügelgräbern, 17 Sylt-Aquarium, 18 Tierpark Tinnum, 19 Tinnumburg, 20 Sylt-Museum und Altfriesisches Haus oberhalb des Grünen Kliffs, 21 Tipkenhoog und Harhoog, 22 Eidum-Vogelkoje, 23 Alt-Eidum, 1635 untergegangen, 24 Rantumbecken, 25 Archsum-Burg, 26 Morsum-Kliff, 27 Nössespitze, 28 Vogelzählstation, 29 Großsteingräber im Watt, 30 Alt-Rantum, untergegangen 1757, 31 Steidum, untergegangen 1362, 32 Niebelum, untergegangen 1765, 33 Erlebnis-Ausstellung „Arche Wattenmeer", 34 Leuchtfeuer Hörnum, 35 Hörnum Odde.

Die Naturschutzgebiete der Insel sind (grüne Kreise): 1 Nord-Sylt, 2 Vogelkoje Kampen, 3 Nielönn, 4 Dünenlandschaft auf dem Roten Kliff, 5 Braderuper Heide, 6 Morsum-Kliff, 7 Rantum-Becken, 8 Baakdeel-Rantum, 9 Rantumer Dünen, 10 Hörnum-Odde.

Kilometerlanger Traumstrand – die Beliebtheit bei den Inselgästen ist absolut nachvollziehbar.

Aber diese subjektive Überzeugung lässt sich natürlich so gar nicht in objektive Zahlen fassen, obwohl sie absolut nachvollziehbar ist. Immerhin: Auch die übrigen Mitglieder der friesischen Inselketten vor der heimischen Festlandküste weisen ihren spezifischen Charme auf und haben gewiss auch ihre jeweils vehementen Fürsprecher. Aber Sylt wird eben auf eine besondere und schwer in schlichte Worte zu fassende Weise wahrgenommen. Man könnte in mancher Hinsicht auch von einem spezifischen Flair, wenn nicht sogar von Marotte oder Nimbus sprechen. Immerhin ist hier neben vielen natur- und kulturlandschaftlichen Besonderheiten auch ein reiches kulturelles Erbe zu erleben, angefangen bei der inseleigenen friesischen Sprache Sölring (stirbt leider allmählich aus) bis hin zu einer bemerkenswert sympathischen Baukultur, der man allerdings nicht in allen Inselorten begegnet, wobei man streng genommen zwischen tradierten Friesenhäusern und (allzu vielen) Neubauten mit architektonischen Friesenhausanklängen trennen muss.

Die bemerkenswerte Beliebtheit der Insel währt nun schon – mit größeren Unterbrechungen während der Weltkriege und geraume Zeit danach – seit knapp 170 Jahren. Den Startpunkt markiert der Beginn des regulären Kurbetriebs im 1855 offiziell eröffneten Seebad Westerland. In jüngerer Zeit zeigen nicht wenige Syltliebhaber ihre betonte Inselvorliebe in Gestalt eines Aufklebers mit der unverwechselbaren Ankerform der Inselumrisse auf dem Heck ihrer Karosse – mal eher dezent, mal deutlich auffälliger und zudem in verschiedenen Farbstellungen und immer ein stummes, aber signifikantes Bekenntnis, das man so von den anderen friesischen Inseln nicht kennt. Denn kaum eine andere Inselsilhouette eignet sich für ein solch markantes und unverwechselbares Emblem.

Sylt in Zahlen

Länge:			39,3 km
Breite:	*Westerland – Nössespitze*		12,6 km
	schmalste Stelle am Königshafen		350 m
	schmalste Stelle bei Rantum		305 m
Kleinste Entfernung zum Festland (Hindenburgdamm):			8,2 km
Größte Entfernung zum Festland (Hörnum – Dagebüll):			27,5 km
Entfernung zur englischen Ostküste (Humbermündung):			580 km
Strandlänge:			rund 40 km
Küstenlänge:			140 km
Fläche:			99,1 km²
Koordinaten:	*Ellenbogenspitze*	55°02'42,5" N	8°27'48,6" E
	Kampen (Leuchtturm)	54°56'46,4" N	8°20'26,8" E
	Nössespitze	54°52'37,8" N	8°29'21,5" E
	Westerland (Bahnhof)	54°54'26,2" N	8°18'35,9" E
	Hörnum (Leuchtturm)	54°44'37,9" N	8°17'49,1" E

Der 55. Breitenkreis (55° N) verläuft exakt durch die Blidselbucht.

Ständige Einwohner: knapp 20 000

Mit knapp 100 km² Fläche ist Sylt fast so groß wie die beiden Nachbarinseln Amrum (10 x 2,5 km, 20,4 km²) und Föhr (12,5 x 8,5 km, 82,8 km²) zusammen.

Ein Name, viele Deutungen

Die heute gebräuchlichen Namen von Inseln herzuleiten, stößt oft auf beachtliche etymologische Schwierigkeiten – so auch im Fall von Sylt (friesisch *Söl*). Die erste bekannte urkundliche Erwähnung findet sich mit dem Eintrag *Sild* in einem um 1141 entstandenen Schenkungsbuch des Klosters Odense. In einem Dokument des dänischen Königs Waldemar II. von 1231 erscheint erstmals die Bezeichnung *Sylt*. Die Register des Schleswiger Domkapitels aus dem 14. und 15. Jahrhundert verwenden abwechselnd die Schreibungen *Syld* und *Sylt*. Die heutige Bezeichnung und Schreibweise setzten sich einheitlich erst Anfang des 19. Jahrhunderts durch (Wedemeyer 1993).

Der bloße geographische Name besagt zunächst noch nicht viel, denn er ist wohl auch immer Bedeutungsträger. Zur Erklärung kursieren verschiedene Theorien:

- Einige Namensforscher vermuten, dass vielleicht die alte dänische Bezeichnung *sylt* für Salzwiese hergenommen wurde – aber Salzwiesen gab und gibt es heute auf Sylt nur relativ kleinflächig auf der Wattenmeerseite und somit erscheint diese Ableitung doch ein wenig abwegig.

- Eine andere Deutung leitet den Inselnamen vom englischen Wort *sill* bzw. dem dänischen Begriff *syld* ab, die beide „Landschwelle" bedeuten, aber auch diese Interpretation hat ihre Haken, weil sie aus geographischen Gründen nicht so recht nachvollziehbar ist.

- Noch ein wenig verwegener ist der folgende Deutungsversuch: Im heutigen Inselnamen soll das urgermanische *selhi* = Robbenort bzw. *selha* = Robbe (dänisch *sæl*, englisch *seal*) stecken – könnte natürlich richtig sein, erscheint aber doch eher abwegig, weil es Robben auch an vielen anderen Küstenstellen gab und gibt. Für Sylt sind sie also kein Alleinstellungsmerkmal.

- Da die Sylter Seefahrer früher intensiv die reichen Heringsbestände der Nordsee ausbeuteten, könnte das dänische Wort *sild* für Hering die am ehesten zutreffende Erklärung sein. Immerhin ziert ein stilisierter Hering die offizielle Sylter Fahne und ist tatsächlich schon seit 1668 als insulares Wappentier nachgewiesen.

Die offizielle Sylt-Flagge zeigt den verräterischen Hering, von dem die Insel (vermutlich) ihren Namen erhielt.

Eine klare Adresse

Nur und betont ausschließlich an erklärte Naturfreunde richtet sich dieser spezifische Insel-Naturführer, der auf des Autors Erfahrungsbasis einiger Forschungsaufenthalte an der Wattenmeerstation des Alfred-Wegener-Instituts und vor allem vieler Inselexkursionen mit Studierenden beruht, denn das Inselparadies Sylt gehört sicher nicht nur den durchaus überschaubaren (aber gelegentlich unerträglichen) Scharen der angeblich Schicken und Schönen. Für diese ist die Insel ohnehin fast zu schade. Naturfreunde vom Fahrradfahrer bis zum Strandwanderer und Vogelbeobachter finden hier alternativ so manche zusagende Idylle, vor allem außerhalb der sommerlichen Hochsaison, wenn die Inselnatur spürbar durchatmet.

Die herausragenden Schönheiten des Naturraums der Insel Sylt erfährt man nur direkt vor Ort – und nicht an der Theke der Whisky-Meile in Kampen.

Dieser Naturreiseführer enthält daher konsequenterweise keine Hinweise auf irgendwelche angeblich angesagten Gastro-Betriebe oder andere Anlaufpunkte, die partout nicht in das gewählte Themenprofil passen. Die touristischen und eher belanglosen Nebenschauplätze überlassen wir getrost den in reichlicher qualitativer Bandbreite vorhandenen Standardreiseführern über Sylt, die zur faszinierenden Inselnatur erfahrungsgemäß bzw. nach kritischer Sichtung oft auch nur wenig Substanzielles beitragen. Im Jahre 1859 schrieb der Journalist und Reiseschriftsteller Julius Rodenberg (1831–1914) während eines Sylt-Aufenthalts: „Es ist nicht jedermanns Sache, die Natur zu belauschen, die oft am gewaltigsten redet, wo sie am tiefsten zu schweigen scheint."

Den erklärten Naturfreunden, die sich neben den landschaftlichen Schönheiten außerhalb der Inselortschaften für die besondere insulare Pflanzenwelt ebenso begeistern können wie für die (vor allem während der Zugzeiten) arten- und individuenreich vertretene Vogelfauna wünschen Autor und Verlag viele faszinierende Inselmomente.

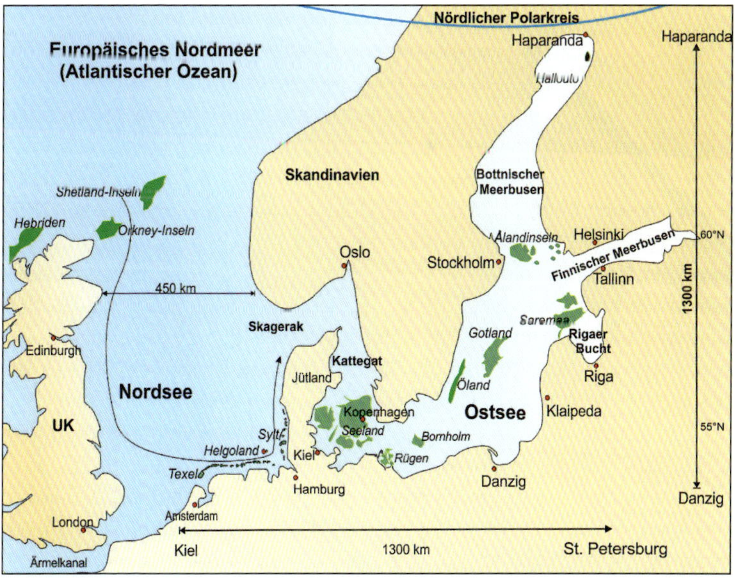

Das marine und terrestrische Ambiente von Sylt: Die Nord- und die eng benachbarte Ostsee sind höchst unterschiedliche Meeresgebiete. Der zwischen den Orkney- und Shetland-Inseln ansetzende Pfeil markiert die für das Tidengeschehen in der Nordsee bedeutsame Silberrinnenwelle.

Ein wenig Inselgeologie

Wenn man in einem der zahlreichen, zwischen List und Hörnum aufgestellten Strandkörbe bei hoffentlich annehmbaren Wetter genüsslich relaxed, stellt sich eventuell die Frage nach der erdgeschichtlichen Vergangenheit der mal leise plätschernden, mal heftiger tosend anbrandenden Nordsee. Die Geologie lehrt mit vielen überzeugenden Fallbeispielen, dass auf unserer derzeitig erlebbaren Erde nichts so war, wie wir es aktuell wahrnehmen, und alles eine buchstäblich äußerst bewegte Vergangenheit aufweist. Das gilt selbstverständlich auch für das kleine nordatlantische Randmeer Nordsee.

Älter als der Atlantik

Die heutige Nordsee überstaut ein großräumiges Senkungsgebiet zwischen den aktuellen festländischen Anrainern. Mit Ausnahme des wirklich uralten, aus dem tiefen Präkambrium stammenden Krustensockels Norwegens sowie des noch älteren von Schweden hat die Gebietssenkung in beträchtlichem Ausmaß gewisse Anteile aller übrigen Festländer erfasst. Die folgenreiche und übrigens nach geologischen Kriterien immer noch kaum erklärbare Absenkung dieses Gebietes begann bereits im oberen Erdaltertum (Paläozoikum), in etwa anzusetzen mit dem oberen Perm (Zechstein), vor etwa 300 Mio. Jahren. Sie ist im Übrigen auch ablesbar am Verlauf des Kaledonischen Gebirges, das in Irland bzw. Schottland ansetzt und sich in Skandinavien fortsetzt. Im Bereich der etwa 450 km breiten Öffnung der heutigen Nordsee, mit der man auch ungefähr ihre Nordgrenze festlegt, fehlen die Kaledonischen Faltenzüge. Damit zeichnet sich ein hervorhebenswertes Kuriosum ab: Die erdgeschichtlich gut dokumentierte und sogar ziemlich frühe Anlage des Nordseebeckens ist somit erstaunlicherweise deutlich älter als der heute nördlich angrenzende Atlantik, denn dieser begann sich erst rund 100 Mio. Jahre später in der Jura-Zeit zu öffnen, ausgelöst durch das beginnende (und übrigens bis heute anhaltende) Auseinanderdriften zweier großräumiger Baueinheiten der Erdkruste, nämlich der Amerikanischen und der Eurasischen Platte. Sie bewegen sich jährlich etwa mit der Wachstumsgeschwindigkeit unserer Fingernägel auseinander. Die erst vor wenig mehr als einem halben Jahrhundert herangereifte und unterdessen fest etablierte Theorie der Plattentektonik liefert also für das Verständnis der heutigen Verteilung von ozeanischen und kontinentalen Gebieten auf der Erde faszinierende Einsichten.

Ein Erbe der Eiszeit

Sylt ist ebenso wie die beiden Nachbarinseln Amrum und Föhr generell ein Erbe der Eiszeit. Die weit in den Nordseeraum vorgedrungenen Gletscher der vorletzten Eiszeit (Saale-Kaltzeit, etwa 350 000–125 000 vor heute), die den Höhepunkt der quartärzeitlichen Vereisung markieren, trugen mit ihren auf breiter Front in End-, Grund- und Randmoränen mitgeführten Geschieben gewaltige Materialmassen in den Nordseeraum ein. Auf diese massiven Materialbewegungen gehen die feinkörnigen und viele Meter mächtigen Sedimente der Hohen Geest zurück, die großenteils den gesamten Westteil des heutigen Schleswig-Holsteins bzw. Jütlands aufbauen. Eindrucksvollstes Zeugnis dieser saalezeitlichen Geschiebe auf Sylt ist das knapp 4,4 km lange und bis etwa 30 m hohe Rote Kliff (durch oxidierte Eisenverbindungen charakteristisch verfärbt) zwischen Kampen und Westerland, das nach Westen zur Nordsee steil abfällt. Es ist die aktive und am stärksten gefährdete Erosionskante des größten der drei Sylter Geestkerne und zeigt beeindruckend die Mächtigkeit der hier anstehenden saalezeitlichen Geschiebe. Allerdings kann man die Kliffkante nicht mehr in voller Höhe erleben, weil die Kliffbasis zum Schutz vor Unterspülungen bei Sturmfluten durch Sandanschüttungen angeböscht wurde.

Das Rote Kliff zeigt eindrucksvoll den saalezeitlichen Materialschub durch die Gletscherfront.

Ständiger Auf- und Abbau

Während die West- und Ostfriesischen Inseln am Wattenrand aufgeschüttete, ständig umgelagerte Sandmassen und damit junge Aufbauformen darstellen, vertreten Sylt, Föhr und Amrum den Typ der kontinentalen Abgliederungsinsel. Selbst Felsenfestes hat an den Küsten der Nordsee bekanntermaßen auf Dauer ebenso wenig Bestand wie Wattweiches, denn das Meer nimmt mehr, als es gibt. Das heutige Kartenbild des nordfriesischen Wattenmeeres lässt es deutlich ablesen: Ziemlich wirr und ungeordnet verteilen sich hier die Inseln und Halligen – als vorerst verbliebene Fetzen eines noch im Mittelalter weitgehend zusammenhängenden Landstrichs. Die Linie Rømø-Eiderstedt markiert ungefähr den ehemaligen Küstensaum der so bezeichneten friesischen Uthlande, wie er noch vor ein paar Jahrhunderten bestand. Noch bis ins 13. Jahrhundert waren sie Bestandteil der weithin zusammenhängenden Geest. Kontinuierlicher Meeresspiegelanstieg und eine bis heute anhaltende Landsenkung, neben anthropogenen Effekten (Salztorfabbau im Watt) beides Spätfolgen des jüngeren Pleistozäns, brachten allerdings schon ziemlich bald heftige Bewegung in die Flurkarten: Schwere Sturmfluten zerschlugen die Geest bis auf ein paar nett anzusehende Restportionen und ließen das restliche landfeste Gebiet großflächig untergehen.

Zwei lange Nehrungsarme

Der größte der Sylter Geestkerne liegt im Dreieck der Ortschaften Westerland, Kampen und Keitum, zwei deutlich kleinere finden sich im Umkreis von Archsum und Morsum. Erst seit dem späteren Mittelalter bildeten sich durch strömungsabhängige Sandzufuhr von See her allmählich die charakteristischen und die heutige charakteristische Inselkontur bestimmenden Nehrungsarme aus (vgl. Kartenbild S. 12). Der an den größeren (Westerländer) Geestkern nach Süden anschließende Nehrungsarm ist eine etwa 16 km lange und nur knapp 1000 m breite (meist sogar deutlich schmalere) Halbinsel aus Dünenketten. Ein etwa gleich langer und abschnittweise ebenfalls beängstigend dünner Arm führt nach Norden; er verbreitert sich nur im Gebiet des Listlandes auf etwa 5 km. Seine Achse ist zur südwärts gerichteten Dünenketten-Halbinsel um einen Winkel von etwa 20° nach Nordost versetzt – und somit ein deutlicher Hinweis darauf, dass die ungefähr auf den größeren Geestkern in der heutigen Inselmitte bei Westerland treffende und nach Norden abgewiesene Teilströmung etwas stärker ist als die südliche.

So erklärt sich auch ein weiterer, dem Listland nördlich vorgelagerter, junger Nehrungsarm, der charakteristisch hakenförmig west-östlich verlaufende Ellenbogen. Besonders an der Ellenbogenspitze lässt sich das ständige Wachstum einer Nehrung durch fortgesetzte Sandablagerung eindrucksvoll verfolgen, denn hier landet das unerbittliche Tidenregime die millionenteuren Sandvorspülungen an, mit denen (auch) die Stadt Westerland von Zeit zu Zeit ihre möglicherweise doch nicht so schicke Strandpromenade (allerdings weitgehend vergeblich) zu schützen versucht. Im Königshafen vor List gibt es mit dem Lister Haken eine weitere und vorerst noch kleine Nehrung. Auch die Königshafeninsel Uthörn ist eine junge Sandaufschüttung.

Ähnliche Nehrungen haben sich mit der Amrum-Odde und mit Wittdün auch auf der Nachbarinsel entwickelt. Föhr im Strömungsschatten von Amrum blieb dagegen von dieser Materialzufuhr weitgehend ausgeschlossen. Deshalb fehlen hier bis heute auffälligere Dünenbildungen.

Steinreich und vielfältig

Mit den Moränen der saalezeitlichen Gletscher gelangten auch zahlreiche kleinere und größere Gesteinsfragmente aus Skandinavien in den Sylter Inselraum, die wegen der ständigen mechanischen Beanspruchung und dem dar-

Jeder Steinwall (Friesenwall) ist eine Kollektion von Findlingen aus Skandinavien.

aus folgenden Verschliff auf ihrem langen Transportweg meist stark gerundet sind. Die heute fast überall im Inselraum um die Wohngebäude errichteten Steinriegel („Friesenwälle") bestehen ausschließlich aus den irgendwann und irgendwo auf der Flur oder im Watt aufgelesenen erratischen Blöcken („Findlingen") und bilden in ihren betont bunten Ensembles gleichsam einen kompletten Crashkurs durch die Geologie von Norwegen und Schweden – mit geeigneten Fachwerken (vgl. Literaturliste) kann man ihre genauere Herkunft ziemlich exakt lokalisieren.

Unzweifelhaftes Glanzstück unter den Findlingen von der Insel ist der rund 3,5 m hohe und etwa 20 t schwere Block, den man nahe am Kampener Strandzugang gleichsam als eindrucksvolles geologisches Denkmal aufgestellt hat. Er wurde im Frühjahr 2005 vor dem Roten Kliff geborgen, wo ihn offenbar die Brandung des erosionsbedingten Kliffrückgangs freigespült hatte. Dieser wahrhaftig beeindruckende Koloss ist – kaum zu glauben – tatsächlich durch Gletscherschurf in seinem skandinavischen Ursprungsgebiet aus dem lokalen Gesteinsverband herausgelöst und über etliche hundert Kilometer westwärts verschoben worden. Das zweifellos imposante Fundstück, ein Biotit-Gneis, ist über 1 Mrd. Jahre alt – er entstand in größerer Tiefe in der Erdkruste durch Umwandlung aus Granit und ist demnach ein typisches metamorphes Gestein.

Ein Koloss von rund 20 t vom Kampener Strand

Hübsch anzusehen sind übrigens auch die zahlreichen tiefschwarzen Feuersteinknollen (Flinte), die aus den kreidezeitlichen Sedimenten des Ostseeraums (Südschweden, Möen, Rügen) stammen und durch Gletscherschub in das Nordseebecken gelangten. Oft tragen sie eine sehr harte schneeweiße Berindung, die allerdings keine Relikte der ursprünglich einbettenden grellweißen Schreibkreide sind, sondern eine Sonderform von Opal. Flinte waren in der Steinzeit ein sehr gesuchter Werkstoff, aus dem sich allerhand nützliche Werkzeuge herstellen ließen.

Die überall am Strand umherliegenden schwarzen Feuersteine (Flinte) mit ihrer hellen Ummantelung stammen aus der Kreidezeit und sind mit den saalezeitlichen Gletschern aus dem Ostseeraum angeliefert worden.

Mit etwas Glück findet man am Weststrand Baltischen Bernstein – auch er ist ein Erbe der eiszeitlichen Materialverlagerungen.

Bei Strandwanderungen und vor allem nach Sturmtagen kann man auf Sylt auch Bernstein finden – ebenfalls ein Erbe der Saale-Eiszeit. Seine Benennung Bernstein leitet sich vom niederdeutschen Wort „börnen“ = brennen (vgl. das englische *to burn*) ab und bezieht sich darauf, dass dieses Gestein ähnlich wie Kohle oder Ölschiefer brennbar ist. Bernstein heißt also eigentlich Brennstein – er brennt mit leicht bläulicher Flamme. In der Geologie bezeichnet man als Bernstein generell fossile Naturharze und setzt zur genaueren Kennzeichnung oder Unterscheidung die jeweilige Fundlokalität hinzu.

Der danach benannte Baltische Bernstein entstand in den großen nordeuropäischen (fennoskandischen) und klimatisch subtropisch getönten Bernstein-Urwäldern östlich einer Linie Rügen-Berlin und bis fast zum Ural. Er leitet sich vom Harz wohl nur einer einzigen Koniferenart ab. Die offenbar beträchtliche Harzmengen liefernde Art ist nach fossilen Holzproben und nach Pollenkornfunden schon im Jahre 1845 als Bernstein-Kiefer (*Pinus succinifera*) beschrieben worden. Die ältesten Funde von Baltischem Bernstein aus Südschweden (Schonen) und Samland weisen darauf hin, dass der Bernsteinwald schon im Unter-Eozän (vor rund 50 Mio. Jahren) unter subtropischen Bedingungen bestand. Mit den eiszeitlichen Geschieben gelangten seine Reste auch in den Nordseeraum und erfreuen hier durch Gelegenheitsfunde die „early birds" unter den Strandwanderern.

Ständig auf dem Rückzug

Die saalezeitlichen Geschiebe der Hohen Geest bildeten auch die Basis der friesischen„Uthlande" im Zustand um 1240, wie eine in dänischem Auftrag im 17. Jahrhundert gezeichnete Karte des Husumer Kartographen Johannes Mejer (1606–1674) zeigt. Diese Kartendarstellung ist topographisch allerdings arg fehlerbelastet und daher nicht allzu vertrauenswürdig, denn die exakte Landvermessung per genauer Triangulation war damals noch nicht entwickelt. Aber immerhin zeigt sie wohl zutreffend, dass sich die friesischen Uthlande weit über das heutige Sylter Vorfeld nach Westen in die damalige Nordsee erstreckten. Nach manchen Angaben soll sich sein westlicher Außenrand sogar etwa 10 km seewärts erstreckt haben.

Dabei blieb es bekanntlich nicht, denn außerordentlich folgenschwere Sturmfluten brachten erhebliche Bewegungen in die Flurkarten. Eine der ersten durch konkrete historische Berichte fassbaren Sturmfluten ist die Julianenflut vom 17. Februar 1164, benannt nach dem Namenstag der Juliana von Nikomedia. Nur wenig mehr als ein halbes Jahrhundert später ereignete sich die erste Marcellusflut vom 16. Januar 1219 – damals, wie schon zuvor, üblicherweise benannt nach dem Namen des jeweiligen Tagesheiligen. Es ist die erste schwere Sturmflut, von der ein Abt namens Emo als Augenzeuge berichtet und sie als eine Art Sintflut deutete, welche die reichen Marschbauern treffen sollte.

Weitaus folgenreicher war indessen die zweite Marcellusflut vom 16. Januar 1362, wegen der großen Anzahl der Opfer von späteren Chronisten auch als „Grote Mandränke" bezeichnet. Während dieser katastrophalen Sturmflut versank unter anderem das reiche, aber als weithin gotteslästerlich erachtete Rungholt, von dem bis heute archäologische Spuren im Wattenmeer nachweisbar sind. Einen weiteren Wendepunkt in der jüngeren Landschaftsgeschichte mit verheerenden Wirkungen und vielen Todesopfern markiert ein

Springsturmflutereignis in 1634. Fatalerweise wird am Jahrestag der Julianenflut die deutsche Nordseeküste am 17. Februar 1962 von einer der historisch schwersten Sturmfluten getroffen. Als bis heute schwerster Orkan im Bereich der Deutschen Bucht gilt das Bempohl-Ereignis vom 23. Februar 1967 mit stundenlang mittleren Windgeschwindigkeiten von fast 150 km/h. Vom 26. bis 28. Februar 1990 kam es zur bislang schwersten Serie katastrophaler Fluten mit zwei Orkan-, zwei Sturm- und einer Windflut in nur drei Tagen. Allein der Windstau der Tidenwasserstände betrug jeweils um die 4 m.

Vor allem die Sturmflutkatastrophe von 1362 zerschlug die zuvor noch weitgehend zusammenhängenden Geestkörper der friesischen Uthlande in kleinere Einzelportionen. Auch Sylt entstand spätestens bei diesem Ereignis als selbständiger, vom übrigen Festlandrest nunmehr losgelöster Inselkörper und bestand zunächst nur aus den drei bis heute fortbestehenden Geestkernen im Ortsdreieck Westerland, Kampen und Keitum sowie den kleineren Geestresten um Archsum und Morsum. Zwischen Morsum und Westerland sind sie heute durch die spätere Anschlickung von jungem Marschland allerdings zu einer einheitlichen und im jetzigen Landschaftsbild nicht einmal besonders auffälligen Flur zusammengewachsen. Heute tragen sie fruchtbares Ackerland, während das jüngere und von vielen Gräben durchzogene Marschland überwiegend als Grünland genutzt wird.

Bedenkenswert: Sylt als Inselkörper ist mit seinen knapp 700 Jahren Alter also ein nach geologischen Kriterien noch unverhältnismäßig junges, aber zweifellos zerbrechlich bleibendes Gebilde mit der einzigen Aussicht, dass nichts so bleibt, wie es ist. Ab 1870 gibt es genauere Aufzeichnungen über die Veränderungen der Sylter Küstengestalt. In den Jahren 1870–1951 verlor die Insel jährlich durchschnittlich etwa 0,6 m Küstenlinie. Im Zeitraum 1951–1984 war es bereits mehr als 1 m und an manchen Stellen sogar noch mehr.

Sylt bietet somit in vieler Hinsicht geradezu dramatische Geodynamik zum Miterleben, aber vorerst können Sie auf dieser schönen Insel noch seelenruhig Ihren Urlaub verbringen und die Natur genießen.

Das Luftbild der Hörnum-Odde lässt die beträchtlichen Substanzverluste der letzten Jahr(zehnt)e erkennen.

Das blieb vom hölzernen Strandabgang am Lister Weststrand nach einem schweren Sturm.

Von der Frühzeit bis zur Gegenwart

In einen Naturreiseführer, der hauptsächlich die Naturschönheiten von Sylt thematisiert, gehören auch ein paar Schlaglichter auf den (vor)geschichtlichen Zeitraum, denn die Abläufe und Effekte der verschiedenen Besiedlungsphasen haben das heutige Erscheinungsbild der Sylter Landschaft neben den geogenen Prozessen wesentlich mitgeprägt. Landschaft ist auch auf der größten (und schönsten?) deutschen Nordseeinsel nicht immer reine und unberührte Natur, sondern trägt vielfach kulturlandschaftliche und insofern anthropogene Züge – selbst dort, wo man es zunächst nicht vermutet. Aber auch diese sind zumindest anteilig erlebniswert.

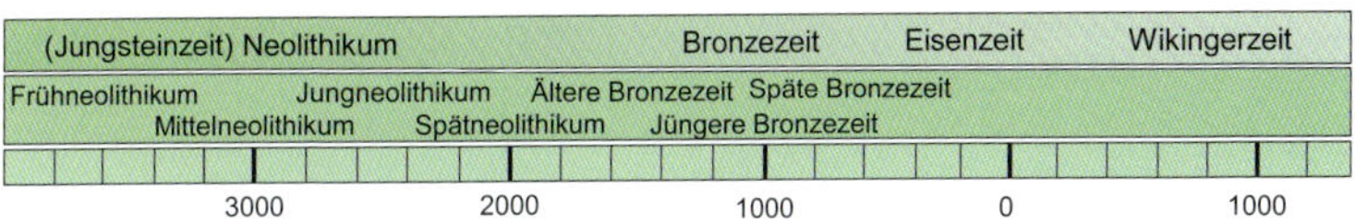

Zeitleiste zur Gliederung der Sylter Frühgeschichte

Es begann in der Jungsteinzeit

Die Historie von Sylt setzte bereits ein, lange bevor der Inselraum Altsiedelland war. Von den frühesten Menschen, die in diesem Gebiet sicherlich jagend bzw. sammelnd umherstreiften, sind leider keine Spuren erhalten. Archäologisch fassbar sind dagegen die in der Jungsteinzeit (Neolithikum) ab etwa 3000 v. Chr. eintreffenden ersten bäuerlichen Siedler. Sie sind die Träger der so bezeichneten Neolithischen Revolution, denn mit ihrer Präsenz vollzog sich der enorm folgenreiche Übergang von umherziehenden Gruppen, die ihren Material- und Nahrungsbedarf aneignend aus der vorgefundenen Natur deckten, zu sesshaften Bauern mit Pflanzenanbau und Haustierhaltung, die man als bemerkenswerte kulturhistorische Innovation als planmäßig produzierende Wirtschaftsweise kennzeichnet. Nach ihren charakteristisch geformten Tongefäßen nennt man diese älteste im nördlichen Mitteleuropa fassbare bäuerliche Siedlungsphase auch Trichterbecherkultur.

Beginnend mit dem Mittelneolitikum (vgl. beigefügte Zeitleiste) begannen die Trichterbecherleute mit der Errichtung monumentaler Grabanlagen in

Form von Langbetten sowie Rundhügeln. Im Kern bestehen diese in der Sylter Landschaft über einen Zeitraum von etwa 600 Jahren entstandenen und dem aufmerksamen Beobachter vielfach auffallenden Monumente aus tonnenschweren Findlingen, welche die Erbauer damals als Hinterlassenschaften der vorletzten Eiszeit (Saale-Kaltzeit) überall auf der Geest vorfanden. Nach der spezifischen Materialwahl aus besonders großen Findlingen bezeichnet man diese Anlagen als Großstein- bzw. Megalithdenkmäler – sie sind in Nordwest- und Nordeuropa in einem im Wesentlichen nur relativ schmal küstenbegleitenden Streifen von der Bretagne bis nach Südskandinavien verbreitet. Die aus senkrecht aufgestellten Tragsteinen und darüber gelegten Decksteinen konstruierten Grabkammern erinnern im Aussehen an gigantisch große Steintische und heißen daher nach einem bretonisch-gälischen Begriff auch Dolmen. In der Regel wurden sie mit einer hügelförmigen Erdüberschüttung bedeckt. Im direkten Umfeld des Kampener Leuchtturms sind mehrere Grabhügel aus dieser Phase zu sehen. Ein leicht auffind- und besuchbarer Grabhügel dieser Zeitstellung ist der an der Südostecke von Keitum direkt oberhalb des Watts vorhandene Tipkenhoog, der auch in den Inselkarten eingetragen ist. Gleich nebenan befindet sich der Harhoog, der an seinem ursprünglichen Fundort (im heutigen Flugplatzgelände) von einem 32 m breiten Erdhügel überdeckt war. Im Jahre 1954 hat man ihn mit seinen Tragsteinen, einem imposanten Überlieger und einigen Umfassungssteinen auf das Grüne Kliff bei Keitum übertragen. So zeigt er in seiner derzeitigen Aufstellung immerhin die

Zu den frühesten Grabanlagen auf Sylt gehört der Tipkenhoog am Südende von Keitum.

Den ungefähr altersgleichen Harhoog hat man neben den Tipkenhoog transloziert. Sein überdeckender Hügel ist abgetragen, aber dafür erkennt man die Bauweise der Grabkammer.

Grundzüge eines jungsteinzeitlichen Megalithgrabes. In diese Gruppe der über 5000 Jahre alten Grabanlagen gehört auch der eindrucksvolle Denghoog („Thinghügel") in Wenningstedt, der als eines der besterhaltenen Ganggräber in Schleswig-Holstein gilt. Weitere Grabanlagen am Wattrand südlich von Archsum hat unterdessen der Meeresspiegelanstieg ruiniert, aber ihre Reste sind bei Niedrigwasser immer noch zu sehen.

Berühmtester unter den Sylter Grabhügeln ist der Denghoog in Wennigstedt. Man kann die Grabkammer begehen (bzw. kriechend erreichen).

Markanter Materialwechsel

Etwa um 1800 v. Chr. setzte ein hervorhebenswerter kultureller Wandel ein: Neben den nach wie vor verwendeten, aus kreidezeitlichem Feuerstein (Flint) gefertigten Gerätschaften kamen nun schrittweise Werkzeuge und andere Gebrauchsgegenstände aus Bronze in Gebrauch. Damit waren (auch) in Nordmitteleuropa die Metallzeiten angebrochen. Ihr erster Abschnitt, die Bronzezeit, dauerte in Norddeutschland rund 1000 Jahre bis etwa 800 v. Chr. Sie ging linear-nahtlos in die Eisenzeit über, die schließlich in die Wikingerzeit (bis etwa 1000 n. Chr.) einmündete. Die Grabhügel aus der Bronzezeit waren größer und durchweg sogar höher als diejenigen aus der Jungsteinzeit. Mehr als 400 sind für Sylt nachgewiesen (aber kaum erhalten), was auf eine dichte Besiedlung hindeutet. Die weitaus meisten sind heute durch moderne Landnutzung verschwunden, aber auf der Kampener Heide finden sich noch mit den Krockhoogern einige imposante Beispiele. Hier hat man beeindruckend schöne Gegenstände wie Bronzeschwerter geborgen. Zudem befindet sich hier auch einer der landesweit heute seltenen bronzezeitlichen Langhügel.

Zur Wikingerzeit (793–1066 n. Chr.) war das Gebiet von Sylt offenbar dicht besiedelt. Imposantes Zeugnis aus dieser Zeit ist die leicht oval geschwungene Tinnumburg, eine Wallanlage mit etwa 120 m Durchmesser und die einzige aus dieser Zeitstellung noch erhaltene, denn die Archsumburg wurde längst zerstört und über die Rantumburg sind die Dünen hinweggegangen. Die genaue Funktion dieser Anlagen bleibt wegen mangelnder eindeutiger Zeugnisse immer noch rätselhaft. Als Versteck oder zur Verteidigung waren sie wohl kaum geeignet.

Bronzezeitliche Grabhügel in Kampen – im Vordergrund links eines der seltenen Beispiele eines Langhügels.

Eindeutigere Zeugnisse aus der Wikingerzeit sind die überlieferten Grabhügelfelder: Die einzelnen Grabhügel waren jetzt allenfalls 1,5 m hoch und enthielten jeweils nur eine Urne mit Leichenbrand. Ein größeres Grabhügelfeld dieser Zeitstellung ist nahe beim Morsum-Kliff zu sehen. Ein weiteres ist für Wenningstedt nachgewiesen, aber nicht erhalten. Welche genaueren Umstände das Ende der Wikingerzeit besiegelten, ist weitgehend unklar.

Die Söl'ring Foriining (www.soelring-foriining.de) hat unter dem Titel hünen. kulTour einen informativen Flyer herausgegeben, der Exkursionen zu Fuß oder per Rad zu den erhaltenen vor- und frühgeschichtlichen Monumenten der Insel vorschlägt. Man kann ihn über die Webseite der Vereinigung als PDF herunterladen.

Immer noch ein wenig rätselhaft – die wikingerzeitliche Tinnumburg

Die Friesen kommen – und bleiben

Ursprünglich war das germanische Küstenvolk der Friesen im niederländischen Rheindelta beheimatet. Im 8./9. Jahrhundert wanderte diese Bevölkerung in zwei Wellen nach Nordholland (Westfriesland) und über Ostfriesland in das Gebiet des heutigen Nordfrieslands ein – die heutige Inselwelt vor der Festlandküste bestand damals noch nicht. Bleibendes Kulturgut ist allerdings ihre eigene friesische Sprache. Bis etwa um die Mitte des 19. Jahrhunderts unterhielt man sich auf Sylt überwiegend per Syltfriesisch (Sölring), das sich zu diesem Zeitpunkt schon deutlich von den auf Amrum (Öömrang) und Föhr (Fering) gesprochenen eigenständigen Regiolekten unterschied. Sprachen in (abgelegenen) Siedlungsräumen unterliegen eben auch den Gesetzen der (biologischen) Evolution.

Bis weit in das 19. Jahrhundert bestanden die Sylter Dörfer jeweils nur aus wenigen Häusern bzw. Höfen. Hörnum entstand erst nach 1900. List gehörte mit seinen an zwei Händen abzählbaren Wohnstätten noch bis 1884 zu Dänemark. Die heutige Ortschaft ist die dritte Gründung dieses Namens: Die erste Siedlung liegt längst auf dem Grunde der Nordsee weit vor der heutigen Strandpromenade, die zweite (Alt-Listum) wurde von den aktuellen und beeindruckenden Wanderdünen überrollt, den einzigen, die man an der Nordsee erleben kann.

Nabelschnur Hindenburgdamm

Mit der Gründung des Seebades Westerland (1855) war die Anreise kurwilliger festländischer Inselgäste ein mühsames und ziemlich umständliches, um nicht zu sagen fast unzumutbares Unterfangen. Es vollzog sich bis fast in die wilhelminische Zeit ausschließlich per Schiffsverkehr zwischen dem dänischen Hoyer und dem damals wichtigen Inselhafen Munkmarsch, über den auch der gesamte Warenverkehr abgewickelt wurde.

Angesichts der ständig steigenden Besucherzahlen auch schon vor dem Ersten Weltkrieg wurde häufig der Ruf nach einer bequemeren Verbindung zwischen Festland und Insel laut. Weil die Sylter bei einer Volksabstimmung 1920 mehrheitlich entschieden hatten, nicht mehr nach Dänemark gehören zu wollen, belohnte die Preußische Landesregierung sie für diesen Mehrheitsentscheid mit der Genehmigung einer festen Dammverbindung. Baubeginn war 1923, aber schon kurze Zeit später zerstörte eine schwere Sturmflut im August 1923 alles bislang Geschaffene. Für den Neubeginn wählte man eine alternative Bautechnik mit eingerammten Spundwänden und Steingründungen aus Granit und vor allem Säulenbasalt von der Linzer Höhe im rheinnahen Westerwald. Der Damm hat im Querschnitt das Profil eines symmetrisch angelegten Seedeichs. Seine Sohlenbreite beträgt 50 m, die Dammkrone mit den Gleiskörpern misst 11 m Breite. Die Dammhöhe liegt bei 2 m über den damals beobachteten Flutwasserständen bei Sturmfluten.

Der Hindenburgdamm aus der Luft – im Hintergrund die Nössespitze auf Sylt, vorne die beiden Festlandköge; auf beiden Flanken des Damms erkennt man die Lahnungsfelder zur Förderung der Anschlickung.

Die weitere Bauzeit beanspruchte 4 Jahre. Am 1. Juni 1927 wurde die nunmehr fertige Strecke im Beisein von Reichspräsident Paul von Hindenburg (1847–1934) feierlich eröffnet und sogleich spontan nach ihm benannt – eine Namensgebung, die schon mehrfach kritisch hinterfragt wurde, weil von Hindenburg in der neueren historischen Wahrnehmung als Steigbügelhalter Hitlers gilt.

Bequeme Anreise für das massenhaft anrollende Blech auf der Schiene: Der DB-Shuttle auf dem Hindenburgdamm

Anfangs diente der Damm nur dem Personen- und Gütertransport. Ab 1932 wurde die Beförderung von privaten Kraftfahrzeugen eingeführt. Seit 1972 ist die Strecke durch den DB-Sylt-Shuttle zweigleisig befahrbar und wird seit 2016 auch durch einen Mitanbieter (Autozug Sylt) bedient. Dem häufig vorgetragenen Wunsch, den Damm um eine Autostraße zu erweitern, hat sich die Deutsche Bahn als Eigentümerin bislang erfolgreich versperren können, denn diese Strecke ist für das Unternehmen einfach zu lukrativ. Mehr als 400000 Kraftfahrzeuge jährlich werden über diese Route in beiden Richtungen transportiert. Ob das eine gesunde Entwicklung ist? Eine alternative Möglichkeit, die Insel zu erreichen, ist die 1963 eingerichtete Syltfähre zwischen Havneby auf Rømø und List. Die aktuell eingesetzten komfortablen Fährschiffe wurden 2005 bzw. 2019 in Dienst gestellt.

Die Syltfähre von Havneby/Rømø nach List/Sylt kurz vor dem Andockmanöver

Der Hindenburgdamm ist insgesamt 11,3 km lang. Durch später erfolgte Eindeichungen im Bereich des landseitig nördlich anschließenden Rickelsbüller Koogs und des südlich davon gelegenen Friedrich-Wilhelm-Lübke-Koogs verläuft er heute nur noch etwas mehr als 8 km direkt im Bereich des Nordfriesischen Wattenmeeres. Zum Vergleich: Der 1939–1948 erbaute Damm vom dänischen Skærbæk nach Havneby auf der Insel Rømø ist knapp 9,2 km lang (dänisch Rømødæmningen).

Bei der Bahnfahrt über den Hindenburgdamm (und auch per Auto über den Rømø-Damm) genießt man einen einzigartigen Blick über das jeweils nördlich und südlich angrenzende Wattenmeer. Unmittelbar an der Dammsohle hat unterdessen eine umfangreiche, technisch durch Lahnungen geförderte Anschlickung stattgefunden, auf der sich prächtige Salzwiesen entwickelt haben. Je nach Tidenstand kann man hier bei der Überfahrt schon einmal einen ersten Vorgeschmack auf die jahreszeitlich vielfältig, vor allem an der Sylter Wattseite, erlebbare Vogelfauna wahrnehmen.

Für die Natur im Wattenmeer brachte die neue Barriere des Hindenburgdamms einschneidende Veränderungen, denn das gesamte Tidengeschehen hat sich in diesem Raum nachhaltig verändert. Die auf der Ostseite Sylts gelegenen Wattgebiete sind heute eher Lagunen. Man vermutet sogar, dass dadurch auch der nachfolgend beträchtliche Materialverlust an der Hörnum-Odde stark beeinflusst wurde.

Den technisch sicherlich interessanten Hindenburgdamm und sein Vorland darf man aus einsichtigen Gründen nicht betreten oder befahren.

Natur- und Landschaftsschutz auf Sylt

Für die einzelnen Inselgemeinden sind die in den letzten Jahren beachtlich gestiegenen Gäste- und Übernachtungszahlen eine gewiss willkommene Entwicklung, aber für die genuine Inselnatur sicherlich nicht – fast wirken sie wie eine tödliche Umarmung. Zu denken ist dabei nicht nur an das enorme Aufkommen von Individualverkehr mit entsprechenden Immissionen, sondern auch an den stark angestiegenen Ressourcenverbrauch vor allem hinsichtlich des Wassers – bislang können die Sylter Wasserwerke über mehrere Brunnenanlagen auf dem größten Geestkern den Bedarf noch einigermaßen decken, aber niemand von den Inselgästen, die nach intensivem Brandungsbaden eventuell mehrfach täglich unter die Dusche hüpfen, denkt daran, dass die Ressource Trink- bzw. Brauchwasser auf Sylt eine durchaus endliche ist.

Um das einzigartige landschaftliche Gesicht von Sylt vor weiteren ökologischen Entwertungen durch verschiedene Baumaßnahmen zu schützen, sind schon vor geraumer Zeit Naturschutzgebiete (NSG) ausgewiesen worden.

Wie sähe es hier ohne Naturschutz aus? Vermutlich zertrampelt, zerstört und schlimmstenfalls weitgehend flächenversiegelt.

Die ersten Bemühungen, bezeichnenderweise durch Künstler (Autoren und Maler), gehen auf das Jahr 1923 zurück – damals aber noch nicht unter dem Aspekt des Arten- und Biotopschutzes, sondern wegen der bedrohten Landschaftsästhetik. Die eingerichteten Schutzgebiete haben die Aufgabe, die wertvollen Lebensräume für die inselspezifische Fauna und Flora (vor Fehlentwicklungen) zu bewahren und damit einen aktiven Beitrag zur Erhaltung der Biodiversität zu leisten. Der Status Naturschutzgebiet ist auf Sylt allerdings keine unabänderliche Dauergarantie, denn mehrfach hat man die Bebauung bis in die prinzipiell schützenswerten Biotopensembles zugelassen. Aber ohne ihre Naturschutzgebiete wäre die Insel heute gewiss eine flächendeckend mit reetgedeckten Häusern im neufriesischen Einheitsstil überbaute Ferienkolonie, unterbrochen lediglich von heftig frequentierten Wohnmobil-Stellplätzen.

Die 10 inseleigenen Sylter Naturschutzgebiete sind (von Norden nach Süden)

- Nordsylt (Listland mit Ellenbogen)
- Vogelkoje Kampen
- Nielönn nördlich von Kampen
- Dünenlandschaft auf dem Roten Kliff
- Braderuper Heide
- Morsum-Kliff
- Baakdeel-Rantum

- Rantumbecken
- Rantumer Dünen
- Hörnum-Odde

Hinzu kommen die beiden außerhalb des Inselraums im Nationalpark Schleswig-Holsteinisches Wattenmeer gelegenen Bereiche

- Wattenmeer nördlich des Hindenburgdamms
- Nordfriesisches Wattenmeer

Außer den offiziellen Naturschutzgebieten sind auch sieben Landschaftsschutzgebiete (LSG) eingerichtet. Dazu gehören LSG Nordostheide Kampen, LSG Südostheide Kampen, LSG Keitum, LSG Archsum, LSG Morsum, LSG Rantum sowie das LSG Hörnum. Im Internet kann man eine Kartendarstellung mit den Gebietsabgrenzungen abrufen.

Natur- und Landschaftsschutz ist in Deutschland (und somit auch auf Sylt) eine – vor allem juristisch – verwickelte Angelegenheit, weil sich die verschiedenen Gebietsschutzkategorien mit ihren jeweiligen Nutzungseinschränkungen fallweise heftig überlagern. So ist der gesamte Großraum um Sylt auch ein FFH-Gebiet nach der seit 1992 EU-verbindlichen Fauna-Flora-Habitat-Richtlinie – der ersten europäischen Grundlage im Arten- und Biotopschutz. Na ja, immerhin ein hoffnungsvoller Ansatz, aber rigoros befischt werden darf er nach wie vor…

Dieser Hinweis ist unbedingt ernst zu nehmen – oder wollen Sie eine neue Wanderdüne in Gang setzen?

Auch diesen Warnhinweis gilt es unbedingt zu beachten.

Sylt braucht vernünftige Besucher – besonders solche, die entgegen aller Empfehlungen nicht unbekümmert quer durch die Heidelandschaft latschen, um neue Trampelpfade anzulegen, und vor allem auch nicht an der Wattenmeerseite ihre Hunde ohne Anleinung die bei Niedrigwasser äsenden Vogelscharen aufscheuchen lassen. Alle angebrachten Betretungsverbote haben ihren guten Grund.

Seit 1990 steht auf der oberen Promenade in Westerland nahe bei der Konzertmuschel eine eindrückliche Bronzeskulptur des französischen Bildhauers Serge Mangin – eine grazile Frau mit wehendem Rock, flankiert von einem Seehund sowie einer flatternden Möwe und mit geradezu beschwörend erhobener rechter Hand. Sie trägt die Bezeichnung „S.O.S. – Save our Seas" – ein dringender Appell zur Bewahrung unserer Meere, der heute so aktuell ist wie nie zuvor. Eigentlich könnte man die Skulptur (zumindest zeitweise) auch um 180° drehen, dann wäre die gehobene rechte Hand eine passende Abwehrgeste gegen das scheußliche Westerländer Kurzentrum…

An Land recht dekorativ, aber als frei flottierende Geisterfischer ein absolutes Verhängnis für die marine Tierwelt: Die Vermüllung der Meere mit Plastikartikeln muss aufhören.

Seit 1990 steht auf der oberen Promenade in Westerland als geradezu beschwörendes Mahnmal diese Bronzeskulptur.

Die Sonne über Sylt

In vielen Wohngegenden besteht gar kein direkter Blickkontakt zum Horizont und insofern wird man unter diesen Bedingungen unser Tagesgestirn womöglich erst dann wahrnehmen, wenn es schon deutlich höher am Himmel steht – geringe oder gar fehlende Bewölkung natürlich immer vorausgesetzt.

Auf Sylt ist das wetterabhängig ganz anders, denn sowohl an der Wattenmeerseite wie auch am Weststrand reicht der Blick etliche Kilometer weit hinaus. Entschlossene Frühaufsteher, die noch vor dem ersten Frühstück eventuell einen vitalisierenden Jogging-Parcours absolvieren möchten, sollten sich in der Haupturlaubszeit zwischen 5:45 Uhr (Mai) bzw. 6:34 Uhr (September) irgendwo am Wattenmeer zwischen List und Hörnum einfinden, um das immer eindrucksvolle Spektakel *ex oriente lux* („aus dem Osten das Licht") live mitzuerleben. Ein idealer Beobachtungsposten wäre natürlich auch die Aussichtskanzel auf der 52 m hohen Uwe-Düne in Kampen, die einen großartigen Rundblick über große Teile der Insel und die beiden Sylter Meere garantiert. Hier fühlt man sich wirklich fast wie unter einer gigantischen Käseglocke mit ungehinderter Rundumsicht. Für die genüssliche Beobachtung der abendlichen Sonnenuntergänge bieten sich vor allem die Sitzbänke an den Strandabgängen etwa in List, Kampen, Wenningstedt oder Westerland an.

Die Sonne scheint, (vorerst) keine Wolke am Himmel – beste Bedingungen für einen brillanten Strandtag.

Jeden Tag ein wenig anders

Im Prinzip sind die jahreszeitlich wechselnden Sonnenauf- und -untergangszeiten ein total faszinierendes, aber vielleicht doch zu selten aktiv und eher nebenbei wahrgenommenes Phänomen. Sie sind die direkte Folge der Neigung der Erdachse gegen die jährliche Sonnenumlaufbahn unseres Heimatplaneten – derzeit angenähert 23,4°. Zwischen den beiden Extrempunkten Winteranfang (21.12.) und Sommerbeginn (21.06.) verändert sich jeden Tag die Morgenweite (Winkelbetrag zwischen dem genauen Ostpunkt am Horizont und dem tatsächlichen Aufgangspunkt der Sonne) und die entsprechende Abendweite (jeweils bezogen auf den Westpunkt). Entsprechend fällt auch der Tagesbogen der Sonne über dem Horizont jahreszeitlich deutlich wechselnd und somit unterschiedlich aus: Zu Sommerbeginn steht die Sonne über Sylt zur Mittagszeit rund 58,5° hoch über dem Horizont, während sie am Winterbeginn mittags nur mit 11,5° Winkelhöhe mühsam über den Horizont schleicht und dann auch entsprechend lange Schatten wirft.

Der jeweilige mittägliche Sonnenstand im Zenit in Verbindung mit der Schiefe der Erdbahn um die Sonne beschert uns konsequenterweise unterschiedliche Tageslängen. Zum Sommerbeginn (21.06.) hat List mit 17 Std. 22 min. den längsten helllichten Tag aller Orte in Deutschland. Für den längsten Tag im Jahr besteht im übrigen Deutschland ein bemerkenswertes Nord-Süd-Gefälle: Er dauert in Hamburg 17 Std. 02 min., in Berlin 16 Std. 50 min., in Düsseldorf 16 Std. 35 min., in Köln 16 Std. 32 min., in Frankfurt/M. 16 Std. 23 min., in Stuttgart 16 Std. 03 min. und in München 15 Std. 59 min. Deutschlands südlichster Ort Oberstdorf/Allgäu erlebt am 21.06. die kürzeste Tageslänge in Deutschland – nämlich 15 Std. 58 min. und damit 1 Std. 24 min. kürzer als in List.

Der Tag des Winterbeginns ist zweifellos der lichtärmste im Jahreslauf. Aus den besonderen Bahndaten bei der jährlichen Umkreisung der Erde um die Sonne findet der jeweils früheste Sonnenuntergang des Jahres allerdings schon am 12. Dezember statt, der späteste Sonnenaufgang dagegen punktgenau zu Silvester. Und noch ein Kuriosum: In den ersten Januartagen erreicht die Erde auf ihrer jährlichen Bahn ihren sonnennächsten (!) Punkt und ist dann „nur" noch 147 Mio. Kilometer von ihr entfernt – immerhin rund 5 Mio. km weniger als am sonnenfernsten Punkt Anfang Juli, wenn man (auch) an der Nordsee unter einer etwaigen Hitzewelle stöhnt.

Gegenüber dem jeweiligen Heimatort vieler Inselbesucher sind die Auf- und Untergangszeiten der Sonne über Sylt über das Jahr hinweg im Minutenbereich verschieden.

Tabelle: Die Sonne über Sylt und einigen Vergleichsorten. Die jeweiligen Längen- und Breitenunterschiede sind berücksichtigt.

Bezugsort/ Koordinaten	**Sonnenaufgang / Sonnenuntergang**											
Zeitangabe	MEZ			MESZ							MEZ	
Datum	1.1.	1.2.	1.3	1.4.	1.5.	1.6.	1.7.	1.8.	1.9.	1.10.	1.11.	1.12.
Westerland 54°55′N 8°22′E	08:50 16:10	08:16 17:03	07:15 18:02	06:57 20:03	05:45 21:02	04:55 21:54	04:54 22:06	05:37 21:27	06:34 20:18	07:29 19:02	07:31 16:49	08:27 16:03
Berlin 52°30′N 13°24′E	08:02 15:41	07:48 16:56	06:54 17:47	05:41 18:40	04:36 20:09	03:56 20:14	03:50 20:29	04:28 19:56	05:19 18:55	06:08 17:43	07:03 16:42	07:58 15:58
Hamburg 53°36′N 10°00′E	08:34 16:16	08:04 17:07	07:07 17:56	05:53 18:58	04:46 19:49	03:55 20:42	04:33 20:50	04:38 20:13	05:30 19:10	06:23 17:56	07:19 16:42	08:20 16:02
Köln 50°54′N 7°00′E	08:34 16:36	08:08 17:23	07:16 18:12	07:07 20:04	06:04 20:53	05:23 21:37	05:22 21:23	05:50 21:18	06:15 08:19	07:30 19:10	07:24 17:07	08:12 16:35
Frankfurt/M. 50°60′N 8°22′E	08:25 16:34	07:59 17.21	07:08 18:06	06:03 18:57	04:57 19:38	04:19 20:25	04:19 20:37	04:54 20:08	05:40 19:09	06:25 18:04	07:21 17:02	08:02 16:23
Stuttgart 48°48′N 9°12′E	08:18 16:35	07:54 17.23	07:06 18:08	05:57 18:52	05:03 19:38	04:16 20:20	04:21 20:33	04:53 20:03	05:41 19:05	06:21 18:03	07:09 17:03	07:56 16:30
München 48°60′N 11°36′E	08:06 16:29	07:43 17.15	06:57 17:58	05:57 18:52	04:52 19:38	04:16 20:12	04:15 20:32	04:46 19:54	05:31 18:56	06:12 17:53	06:58 16:55	07:38 16:24

Vom Sylter Klima

Die im Jahreslauf ständig wechselnden Präsentationsprogramme der Sonne und die damit verbundenen täglichen Durchschnittstemperaturen bestimmen im Verbund mit den monatlich etwas unterschiedlich ausfallenden Niederschlagsaktivitäten das Klima der Insel. Die in der Tabelle enthaltenen Angaben sind langfristige Mittelwerte aus den Dauerstatistiken des Deutschen Wetterdienstes und geben nur eine ungefähre Einschätzung dafür, wann man am besten seine Syltferien einplant. Zugegebenermaßen haben Strandwanderungen bei einem steifen Nordwestwind und eher fröstelnd anmutenden Temperaturen auch in der herbstlich-winterlichen Jahreshälfte absolut ihren besonderen Reiz, wenn man sich hinsichtlich der gewählten Garderobe witterungsangepasst kleidet, aber für ein klimatisch deutlich angenehmeres Inselerlebnis sind die sommerlichen Monate zwischen Mai und September für die meisten naturbegeisterten Inselbesucher schon eher eine diskutable Option, denn unfreundliches Wetter mit Nebel, Regen und heftigem Wind kann man eventuell auch zu Hause im Tiefland oder Mittelgebirge erleben.

Nach seinen bioklimatischen Grunddaten gilt das Witterungsgeschehen auf Sylt allgemein als ausgesprochen aktivierendes Reizklima, wobei die von der bewegten See in die Atemluft entlassenen Aerosole sicherlich mancherlei positive physiologische Reaktionen auslösen. Ob es der angeblich erhöhte Iod- bzw. Ozongehalt der Luft ist (wie die übliche Reiseliteratur unentwegt betont) oder schlicht die entspannte Bewegung bei einer längeren Strandwanderung entlang der Wasserlinie, werden wir hier nicht weiter kritisch hinterfragen.

Dunkel und messerscharf grenzt das dunkle Meer an den hellen Horizont.

Die aufgrund langjähriger Beobachtungen ermittelten Klimadaten für Sylt benennt die folgende Tabelle. Schon jetzt ist klar, dass es von Jahr zu Jahr auch erhebliche Ausreißer gibt – so etwa für den bis in den September fortdauernden Sommer 2022, den bislang heißesten seit Beginn der Wetteraufzeichnungen.

Tabelle: Die wichtigsten Klimadaten für die Insel Sylt (nach Daten vom Deutschen Wetterdienst)

	Jan	Feb	Mar	Apr	Mai	Juni	Juli	Aug	Sep	Okt	Nov	Dez
Durchschnitts-temperatur (°C) tagsüber	2,6	2,4	5,1	9,6	14,5	17,6	18,6	20,1	17,4	12,4	7,8	4,8
… und nachts	-1,2	-1,6	0,1	3,7	7,6	11,3	13,9	14,1	11,6	7,6	3,9	1,2
Sonnenschein-stunden pro Tag	1,7	2,6	3,8	5,8	7,2	9,0	7,2	7,5	5,1	3,2	1,8	1,7
Regentage	12	9	8	8	7	7	10	12	12	13	13	14

Sonnenuntergänge am Meer haben ein enormes emotionales Potenzial.

Motivation für ein wenig Astronomie

An der nächtens vermutlich ziemlich einsamen Buhne 16 bei Kampen könnte man eventuell unversehens zum Astrofreak werden. Genießen Sie dann hier oder an anderer Stelle in den sehr späten Abendstunden bei wolkenlosem Himmel einfach mal den überwältigend sternenreichen Nachthimmel ohne den hellen Wahnsinn, mit dem uns die Lichtflut in den Städten und selbst in den Dörfern den Aspekt des übersäten Sternenhimmels zuverlässig verdirbt und damit ein wirklich elementares Naturerlebnis nimmt. Vielleicht ist der Erdbegleiter Mond als ausnahmsweise vielleicht nicht ganz so willkommene himmlische Lichtquelle mal nicht dabei. Er erscheint uns bei Vollmond als kreisrunde Scheibe unter einem Durchmesser von etwa einem halben Winkelgrad. In Wirklichkeit ist die Mondscheibe 3476 km breit. Auf der gerade leuchtenden, der Sonne zugewandten Seite (und dem von ihr reflektierten Licht) ist es dann ziemlich ungemütliche 120 °C heiß. Sollte sich der Erdenbegleiter jedoch nur als schmale Sichel zwischen Neu- und Halbmond zeigen, beträgt die Bodentemperatur in seinen beschatteten Partien etwa –130 °C.

Der Mond ist im Durchschnitt etwa 384 000 km von Ihrem momentanen St(r)andort entfernt. Bei den im Allgemeinen gut sichtbaren Planeten sind die Distanzen noch viel größer. Bis zur untergehenden Sonne sind es durchschnittlich rund 150 000 000 km – so weit, dass die mit rund 300 000 km in der Sekunde herbeieilende Strahlung etwas mehr als 8 Minuten lang unterwegs ist, um von der Sonnenoberfläche Ihre Haut zu erreichen. Tagsüber regt sie dort in besonderen Zellen die – je nach Hauttyp – massive Bildung von Melaninen an, deren (ungesunden) Summeneffekt man konventionell Urlaubsbräune nennt.

Für die spätabendliche Himmelserkundung ist als Zusatzausrüstung ein einigermaßen leistungsstarkes Fernglas empfehlenswert. Äußerst hilfreich für das Auffinden interessanter Himmelsobjekte wäre auch die eine oder andere zu dieser Thematik verfügbare App – die verrät Ihnen unter anderem sogar die aktuelle Position der relativ leicht auffindbaren Planeten vom Merkur bis hin zum Saturn. Zudem leitet Sie eine solche Auffindhilfe auch zuverlässig zur aktuellen Position der internationalen Raumstation ISS, die sich gewöhnlich als blinkendes Etwas zeigt.

Einer der besonders überwältigen Eindrücke an einem stockfinsteren Sommerhimmel ist zweifellos das auffällige Lichtband der Milchstraße – es ist der

Außenrand unserer eigenen Galaxis, auf den wir gleichsam von der gegenüberliegenden Seite blicken. Wie eine relativ benachbarte und unserer eigenen recht ähnliche Galaxie aussieht, ist ebenfalls leicht zu erfahren: Hoch im Nordosten trifft man links (östlich) neben dem bekannten Sternbild Himmels-W (Kassiopeia) auf die berühmte Andromeda-Galaxie. Sie ist unter optimalen Sichtbedingungen bereits mit bloßem Auge als längliches milchiges Scheibchen zu erkennen und gilt als die entfernteste Struktur im Weltraum, die man noch ohne instrumentelle Hilfe einfach so erkennen kann. Ihre Entfernung liegt bei 2,5 Mio. Lichtjahren; ihr schwaches Licht, das Sie vielleicht vor ein paar Momenten erspäht haben, wurde von dieser komplexen Welteninsel ausgesandt, als in Europa gerade die Eiszeiten begannen.

Die übrigen Sterne, die man erkennt – es sind bei sehr dunklem Himmel mit bloßem Auge etwas mehr als 6000 – gehören den verschiedenen und schon in der Antike unterschiedenen Sternbildern des nördlichen Sternenhimmels an. Die bekannten Tierkreissternbilder sind am Sommerhimmel allerdings nur mit einiger Basiskenntnis zu orten, denn sie bestehen überwiegend aus relativ lichtschwachen Sternen. Gut kenntlich ist dagegen das markante Sommerdreieck mit seinen auffälligen Hauptsternen, dem hellen Deneb im Schwan, der leuchtstarken Wega in der Leier und dem Atair im Adler, der die nach Süden weisende Dreiecksspitze bildet.

Und sollten Sie im August auf Sylt weilen, können Sie um die Monatsmitte den schönsten und reichsten periodisch wiederkehrenden Sternschnuppenstrom des Jahres erleben: Zwischen dem 9. und dem 13. August kreuzt die Erdbahn die Bahn dieser Meteoren (Meteoriten heißen sie nur dann, wenn ihre Reste auf der Erde eingeschlagen sind), die aus der Richtung des Sternbildes Perseus kommen und deswegen Perseiden heißen. Ihr Maximum ist immer in der Nacht vom 11. auf den 12. August zu erwarten – je Stunde mit bis zu über 100 Sternschnuppen. Mit rund 60 km/s sind sie bemerkenswert schnelle Objekte. Die Chancen, dabei auch auffällig knisternde Feuerkugeln (= Boliden) zu erleben, stehen nicht schlecht. Die beste Beobachtungszeit liegt zwischen 22 und 4 Uhr – eventuell lohnt sich also eine deutliche Nachtschicht.

Und noch ein nächtliches Abenteuer?

Fast alle Nordlandfahrer schwärmen verständlicherweise von den beeindruckenden atmosphärischen Lichtspielen der Polarlichter. Ihre Wahrnehmung ist jedoch durchaus nicht auf die hohen Breiten jenseits des Polarkreises (bei

23° n. Br) beschränkt, denn man kann sie gelegentlich auch in Norddeutschland und damit auch auf Sylt erleben. Wenn sich eine Phase mit Polarlichtaktivitäten andeutet, vermeldet es gewöhnlich die regionale Presse. Dann kann man nur noch auf einen wolkenfreien nächtlichen Himmel hoffen.

Ein Spektakel ganz besonderer Art – Polarlicht über Norddeutschland

Polarlichter sind eine höchst eindrucksvolle Visualisierung unseres irdischen Magnetfeldes. Die Ereignisfolge lässt sich stark vereinfacht folgendermaßen beschreiben: Von der Sonne gehen – eng korreliert mit den Maxima der ohnehin rätselhaften Sonnenfleckenaktivität – als so bezeichneter Sonnenwind heftige Teilchenströme überwiegend mit negativ geladenen Elektronen (e^-) und positiv geladenen Wasserstoffkernen (Protonen, H^+) aus. Diese werden in der äußeren Magnetosphäre der Erde in über 300 km Höhe gebündelt und zu den geomagnetischen Polen abgelenkt. Schon in den obersten Schichten der Erdatmosphäre kollidieren die Teilchen des Sonnenwinds hier unter anderem mit ionisierten oder auch neutralen Sauerstoffmolekülen und regen diese zum Leuchten an. Der so angeregte Sauerstoff strahlt dann grünliches Licht von 558 nm Wellenlänge sowie rötliches im Bereich von 630 bzw. 636 nm ab (was er nach quantenphysikalischen Überlegungen eigentlich gar nicht dürfte …) – das dann wahrnehmbare Polarlicht erscheint abhängig von weiteren atmosphärischen Bedingungen eher grünlich oder rötlich. Polarlichter sind natürlich auch tagsüber im Spiel, werden dann aber von der Tageshelligkeit hoffnungslos überstrahlt.

Sylter Wellen – von Wasser, Wind und Wogen

Insel- und Küstenbewohnern sind sie natürlich ein vertrautes Phänomen, aber gelegentliche Küstenbesucher staunen doch immer wieder über eine der faszinierendsten geophysikalischen Erscheinungen an unseren Küsten: Während man an binnenländischen Stillgewässern die jeweils aktuelle Wasserlinie jeden Tag fast zentimetergenau ablesen kann, erweist sich diese exakte Grenzziehung (nicht nur) am Nordseestrand als absolutes Ding der Unmöglichkeit. Einerseits rollen die Wellenzüge der rastlosen See mal nur ganz unten an, aber landen dann auch wieder viel weiter oben auf dem Strand, und zudem kann man im Tagesablauf erleben, dass sich die Wasserlinie ständig sichtlich verlagert und mal breitere, mal schmalere Strandbereiche freigibt. Ganz so weit wie über den stellenweise bis 1,5 km breiten Kniepsand auf der Nachbarinsel Amrum muss man auf Sylt der Wasserlinie nicht hinterherlaufen. Die mal sanft plätschernde, mal etwas heftiger tosende Wasserlinie verlagert sich im Tidenrhythmus allenfalls im Bereich von ein paar überschaubaren Metern. Nur auf der Wattenmeerseite fallen tidenabhängig weite Bereiche frei, sodass man die Wasserlinie bei Niedrigwasser bestenfalls mit einem Fernglas orten kann.

Ganz weit draußen: Zur Niedrigwasserzeit fallen weite Wattbereiche frei.

Ein wichtiger Zeitgeber

Für Badeurlauber, Sportbootfahrer, Strand- und Wattwanderer sowie für Vogelbeobachter ist die genauere Kenntnis des Tidengeschehens ein absolut relevanter Sachverhalt. Vor allem die zu bestimmten Zeiten überaus zahlreich präsenten Rast- und Zugvögel orientieren sich natürlich zuverlässig an den astronomisch diktierten Tidenzeiten, wann sie auf den im Tagesverlauf freifallenden Wattflächen auf ergiebige Nahrungssuche gehen können.

Somit erlebt man den Tidenrhythmus an einer typischen Gezeitenküste täglich mindestens zweimal und eventuell – sollten Sie zu spätabendlichen oder gar nächtlichen Strandwanderungen bzw. zu Aufenthalten im Strandschlafkorb mit fantastischem Blick auf den Sternenhimmel neigen – sogar vier Mal: Im Tageslauf verlagert sich die Wasserlinie am Strand ständig, allerdings regelhaft und nach festem, allerdings täglich wechselndem Fahrplan: Mal zieht sich die Nordsee je nach Küstenprofil sichtlich viele Meter weit zurück, aber ein paar Stunden später ist sie auch wieder da. Wann das Meer kommt und auch wieder geht, verraten die Gezeitenkalender, die man als Flyer bei den Kurverwaltungen erhält.

Im Unterschied zur Ostsee sind die Küstenbereiche der Nordsee generell von den im Tagesverlauf durchaus unterschiedlichen Flut- bzw. Niedrigwasserständen geprägt: Man nennt sie Gezeiten oder, nach einem niederdeutschen Wort, Tiden (vgl. engl. *tide* = Gezeit).

Datum	HW1	NW1	HW2	NW2
1.7.	2:50	9:42	15:06	22:13
2.7.	3:24	10:16	15:41	22:46
3.7.	3:58	10:48	16:15	23.20
4.7.	4:38	11:24	16:52	23:58
5.7.	5:22	12:04	17:32	
6.7.	6:06	12:46	18:13	0:40
7.7.	6:48	13:30	18:57	1:21
8.7.	7:35	14:21	19:54	2:06
9.7.	8:36	15:24	21:03	3:00
10.7.	9:44	16:34	22:13	4:05

Das Tidengeschehen von Sylt am Bezugsort Westerland für die erste Juli-Dekade 2022 (nach Angaben des Bundesamtes für Seeschifffahrt und Hydrographie/BSH Hamburg). HW = Hochwasser, NW = Niedrigwasser.

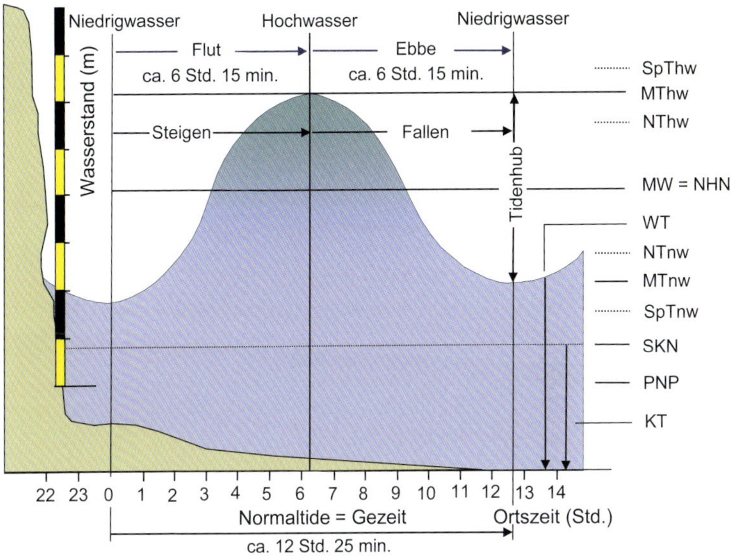

Idealisierter und daher schematischer Ablauf einer Normaltide an der deutschen Nordseeküste. Aus mancherlei komplexen Gründen verändern sich die Eintrittszeiten, die Ebbe- und Flutdauer sowie die Tidenhübe fast täglich. Die Abkürzungen rechts erläutert die beigefügte Tabelle.

Eine Gezeit umfasst den Zeitraum zwischen dem jeweils niedrigsten beobachteten Wasserstand (Niedrigwasser) bis zum nächsten. Dazwischen vergehen im Durchschnitt rund 12 Std. 25 min. Von einem Niedrigwasser bis zum nächsten Fluthöchststand dauert es im Schnitt demnach nur rund 6 Std. 13 min. Trägt man die im Tagesverlauf wechselnden Wasserstände in eine Zeitachse ein, ergibt sich im Idealfall eine klassische Sinuskurve. Die zugehörigen Abkürzungen in der Randspalte erläutert die Tabelle.

Tabelle: Ein wenig Tidendeutsch im Schnelldurchgang

Kürzel	Bezeichnung
SpThw	Springtidenhochwasser
MThw bzw. MHW	Mittlerer Hochwasserstand
MTnw bzw. MNW	Mittlerer Niedrigwasserstand
MW bzw. MTH	Mittelwasser bzw. mittlerer Tidenhub, rechnerischer Mittelwert zwischen MThw und MTnw
NThw	Nipptidenhochwasser
NHN	Nullfläche, auf die sich alle Höhenangaben einer Landkarte beziehen
NTnw	Nipptidenniedrigwasser
MTnw	Mitteltidenniedrigwasser
SpTnw	Springtidenniedrigwasser
SKN	Seekartennull, Bezugsgröße für die Tiefenangaben einer Seekarte
PNP	Pegelnullpunkt, liegt an den deutschen Nordseeküsten gewöhnlich 5 m unter NHN

Tatsächlich zeigen die Küsten- und erst recht die Flussmündungsorte aber aus mancherlei komplexen Gründen davon nicht unbeträchtliche Abweichungen – die geometrisch so bestechend wunderschöne Sinuskurve des idealen Wasserstandsverlaufes im täglichen Tidengeschehen verformt sich vor Ort tatsächlich zu einem oftmals eher stark asymmetrischen Kurvenbild. Der wirkliche Zeitunterschied zwischen den errechneten Hoch- und Niedrigwasserzeiten beträgt dann auch nicht mehr den rechnerischen Durchschnittswert von etwa 6 Std. 15 min. Insofern ist es außerordentlich hilfreich, wenn es für die Küstenorte minutengenau bestückte Gezeitenkalender gibt. Erforderlichenfalls kann man sie natürlich auch tagesaktuell via Internet unter www.bsh.de/Wasserstand-Nordsee oder unter www.bsh.de/gezeiten abrufen.

Die das Tidengeschehen in der Nordsee wesentlich bestimmende und im Nordatlantik entstehende Gezeitenwelle tritt als Silberrinnen- oder Shetland-Welle durch die rund 100 km breite Öffnung zwischen den Orkney- und den Shetland-Inseln nördlich von Schottland in das Nordseebecken ein. Hier wird sie durch die von der Erdrotation (von West nach Ost) verursachte Coriolis-Kraft (benannt nach dem französischen Physiker Gaspard Gustave de Coriolis, 1792–1843) so abgelenkt, dass sie zunächst an der ostenglischen Küste entlangläuft und erst bei der niederländischen Insel Texel auf die südliche Nordseeküste trifft. Von hier wandert sie weiter entgegen dem Uhrzeigersinn an den West- und Ostfriesischen Inseln entlang und dann nordwärts zur nordfriesisch-dänischen Küste. Bei genauerer räumlicher Auflösung stellt sich diese Gezeitenwelle somit als eine typische Drehtide oder Amphidromie dar – ihr Drehpunkt liegt über dem östlichen Zipfel der Doggerbank bei 55°25′ N und 05°15′ E und damit rund 300 km nordwestlich von Sylt. Man hat sie erst relativ spät im 20. Jahrhundert entdeckt und genauer charakterisieren können. Für die komplette Runde durch das Nordseebecken von Schottland bis Südnorwegen benötigt diese Gezeitenwelle rund 16 Stunden.

Die das Gezeitengeschehen an unseren Küsten in der Deutschen Bucht bestimmende Silberrinnenwelle trifft nach ihrer Passage der ostenglischen Küste und der Westfriesischen Inseln bei Borkum und damit bei den Ostfriesischen Inseln auf die deutsche Küste. Für ihren weiteren Weg durch die innere Deutsche Bucht bis zum Nordende von Sylt benötigt sie etwa zweieinhalb Stunden. Die deutschen Nordsee-Küstenorte haben also niemals gleichzeitig Niedrig- oder Hochwasser. Satellitenbilder, die den Gesamtbereich des Wattenmeeres zwischen Borkum und Sylt bei Niedrigwasser darstellen, sind daher in jedem Fall computerbearbeitete Montagen aus mehreren Aufnahmesituationen.

Für den Weg entlang von Sylt benötigt die Gezeitenwelle von Hörnum (West) bis List (West) etwas mehr als 20 Minuten. Bis die jeweilige Tide über ihren Umweg entlang des Ellenbogens an der Sylter Wattenmeerseite angekommen ist, vergehen durchaus weitere Stunden: Wenn in List (West) gerade Niedrigwasser eingetreten ist, dauert es bis Munkmarsch nochmals ungefähr zwei Stunden bis zum Tidentiefstand. Das ist für Vogelbeobachter eine eminent wichtige Zeitmarke, denn die ergiebigsten Beobachtungsplätze liegen nun einmal an der Sylter Ostküste.

Tabelle: Zeitliche Abweichungen (in Stunden) der im amtlichen Gezeitenkalender angegebenen Hoch- bzw. Niedrigwasserzeiten vom Bezugsort Westerland (nach Angaben des Bundesamtes für Seeschifffahrt und Hydrographie/Hamburg)

Inselort	Hochwasser	Niedrigwasser
Hörnum Westseite	+0:01	–0:06
Hörnum Ostseite	+1:23	+0:30
Rantum Westseite	+0:01	–0,03
Rantum Ostseite	+1:24	–1.30
Morsum Nordseite	+2:08	+1:11
Morsum Südseite	+1:33	+1:39
Keitum	+2:00	+1:13
Wenningstedt	+0:09	+0:11
Kampen Westseite	+0:18	+0:20
Kampen Ostseite	+1:55	+1:08
List Westseite	+1:01	+0:31
List Ostseite	+1:49	+1:02

Am Strand markieren die verschiedenen Spülsaumlinien die wechselnden Flutwasserstände zwischen Nipp- und Springtiden.

Wasser, Wind und Wogen gehören zu den elementaren Naturerfahrungen auf Sylt – aber auch der Salzgehalt des Meerwassers. Für die Gewässer um Sylt liegt er – jahreszeitlich ein wenig wechselnd – zwischen 33 und 34‰. Das ist messbar weniger als im angrenzenden Atlantik oder in den übrigen Weltmeeren (hier meist etwas mehr als 35‰), aber bis Sylt machen sich tatsächlich die Verdünnungseffekte der großen Nordseezuflüsse Rhein, Weser und Elbe bemerkbar.

Wenn man frisch durchgerüttelt aus den wellenbetonten Fluten steigt und während der nächsten Minuten das weitere Schicksal der verbliebenen Meerwassertropfen auf der Haut verfolgt, wird man eine interessante Entdeckung machen können: Die anhaftenden Nordseewassertropfen trocknen nicht einfach so weg, sondern trüben sich zunächst nur ein wenig ein – denn: Mit dem zunehmenden Trocknungsprozess werden nacheinander die Löslichkeitsprodukte der verschiedenen darin enthaltenen Meerwasserkomponenten unterschritten und die betreffenden Verbindungen verabschieden sich dann in Form ihrer kristallinen Niederschläge.

Tabelle: Jahresgang der Wassertemperatur an den Sylter Stränden

	Jan	Feb	Mar	Apr	Mai	Juni	Juli	Aug	Sep	Okt	Nov	Dez
Durchschnitts-tempe-ratur (in °C)	4	3	2	5	10	13	17	17	15	13	9	6

In den meisten Monaten des Jahres ist die Nordsee für ein strandnahes Badevergnügen möglicherweise doch einfach zu „chilly“, aber ganz Unentwegte lassen sich auch davon nicht unbedingt abschrecken. Bemerkenswert erscheint, dass die jährlich tiefsten Wassertemperaturen im Vorfrühling (Anfang März) zu verzeichnen sind. Auch davon gehen für viele marine Organismen wichtige Entwicklungssignale aus.

Der Wind und das Wellenspiel

Wetterwirksam sind letztlich nur die unteren Schichten der Atmosphäre, die man auch als Troposphäre abgrenzt. Hier treten Abweichungen vom durchschnittlichen Luftdruck zwischen etwa 880 und 1080 mbar auf. In Regionen hohen Luftdrucks dellt die etwas schwerere Luftsäule den Meeresspiegel je

Millibar Druckunterschied tatsächlich um etwa 1 cm ein. Dieser Höhenunterschied ist jedoch für die Wasserbewegungen zwischen den verschiedenen Meeresgebieten nicht relevant, aber solche Druckdifferenzen setzen immerhin die Winde in Gang. Wegen der (infolge der Erdrotation) ablenkenden Kraft der Coriolis-Kraft bewegen sich diese über größere Breitenunterschiede immer spiralförmig zum Zentrum der Druckdepression der jeweiligen Zyklone (Tiefdruckgebiet). Auf der Nordhalbkugel verläuft diese Bewegung also jeweils gegen den Uhrzeigersinn. Bei den Hochdruckzellen, den Antizyklonen, ist die Bewegungsrichtung umgekehrt – sie folgen daher immer dem Uhrzeigersinn. Die kurzen Animationsfilmchen der Wetternachrichten in den TV-Medien verdeutlichen diesen Sachverhalt eindrucksvoll.

Die See auf See

Wenn nun der Wind über See geht, nimmt er seinen Weg nicht ganz so hemmungslos, wie es zunächst aussehen mag, denn er streift die Wasseroberflä-

Meereswellen entstehen nicht von selbst, sondern sind immer eine Nah- oder Fernwirkung von kräftigen Winden.

che und kräuselt zunächst kleine, Kapillarwellen genannte Wellenfronten auf, die sich rasch zu kurzen, steileren Rippeln entwickeln. Physikalisch betrachtet passiert dabei Folgendes: In der direkt über eine Wasseroberfläche streichenden Luft reißt deren laminare Grenzschicht wegen des höheren Widerstandes ab und wird dabei turbulent. Dadurch entstehen Wirbel mit kleinsträumigen Druckunterschieden, die nun die Meeresoberfläche sichtlich und wirksam verformen. Solange der Wind weht, kommt damit sogar ein sich selbst verstärkender Prozess in Gang: Die am Wellenberg aufsteigende Luft erzeugt vor dem Wellenkamm eine kleine Hochdruckzelle, die dahinter zum Wellental abfallende dagegen eine entsprechende minimale Tiefdruckzelle bei entgegengesetzt rotierendem Wirbel. Im Effekt schaukeln sich die Wellenhöhen somit abhängig von Windgeschwindigkeit und Wirkdauer bzw. Weglänge des Windes (in der Fachsprache „fetch" genannt) auf.

Schaumbildungen an der Wellenfront sind ein quasinatürliches Phänomen – sie gehen auf massive sommerliche Planktonentwicklung zurück.

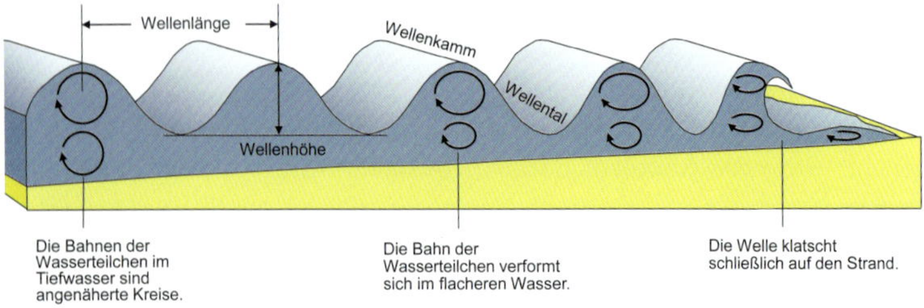

Meereswellen sind ein faszinierendes Phänomen, an dem viele physikalische Komponenten beteiligt sind.

Das Zusammenspiel unterschiedlich temperierter Luftmassen sowie die daraus folgenden Windrichtungen und Wolkenbildungen sind zweifellos ein komplexes Phänomen aus unserer Atmosphärenphysik. Im Zweifelsfall bei einem geplanten Radausflug auch bei schönsten Startbedingungen einen Anorak einplanen…

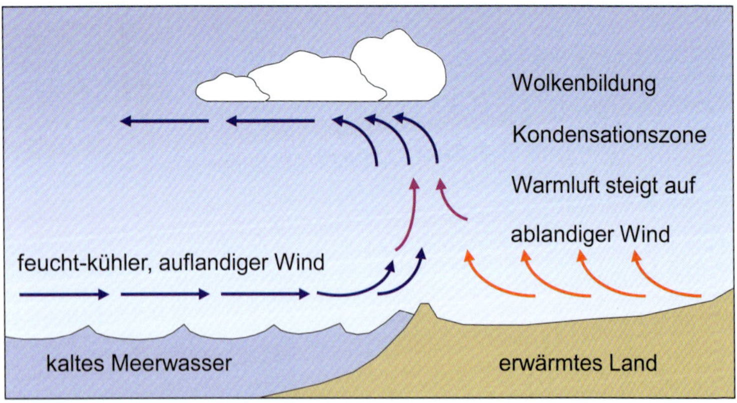

Windrichtung und Wolkenbildung hängen von der Temperaturtönung der unterschiedlichen angrenzenden Naturräume ab.

Vom Sand am Strand

Der für den gesamten Nordseeraum mit rund 40 km Länge einzigartige Sylter Sandstrand säumt die gesamte, zur offenen Nordsee orientierte, westliche Inselflanke – nicht einmal unterbrochen von den Siedlungsbereichen der hier linear aufgereihten Inselorte. Stellenweise findet sich auch an der Wattenmeerseite ein schmaler Sandstreifen, beispielsweise im Bereich des Weißen Kliffs vor der Braderuper Heide oder bei Munkmarsch. Die beeindruckende Sylter Dünenlandschaft ist neben den nicht immer erfreulichen Siedlungsräumen generell das kennzeichnende Landschaftselement der Insel und für Naturfreunde ein Erlebnisraum par excellence.

Überall Sand am Strand – und nur ein paar wenige pflanzliche Pioniere

Zu den häufiger gestellten Fragen gehört diejenige, woher denn überhaupt der viele Sand kommt, der die prächtigen Strände und die anschließend aufragenden Dünenzüge aufbaut. Die Antwort ist gleichermaßen einfach wie einleuchtend – der Sand ist wie so vieles ebenfalls ein Erbe vor allem der der vorletzten Eiszeit (Saale-Kaltzeit). Die bis zu 3000 m mächtigen Gletscher dieser Vereisungsperiode haben große Teile der Gesteine Skandinaviens verschliffen und dabei den Erosionsschutt von der Abmessung größerer erratischer Blöcke („Findlinge") bis hinunter zur Korngrößenfraktion von nicht einmal millimetergroßem Feinsand in das Nordseebecken verfrachtet. Meeresströme und Wellenschlag befördern Anteile davon konstant in Richtung Küste und bauen so die endlos erscheinenden Sandstrände auf.

Wie Sand am Meer

Für Kinder ebenso wie für Erwachsene ist Sand ein gänzlich unverzichtbares Medium für den sommerlichen Strandurlaub. Aber er ist auch – vielleicht zunächst unvermutet – eine geologisch interessante Materie. Fachlich betrachtet ist Sand ein klastisches Sediment (vom altgriechischen *klastein* = zerbrechen) und demnach ein Trümmergestein. Sandkörner entstehen durch Verwitterungsvorgänge aus Festgesteinen.

Das ist interesSand

Obwohl die am Strand angesammelten Sande zunächst irgendwie eintönig oder gar langweilig erscheinen, lassen sich bei Strandwanderungen doch allerhand interessante Phänomene beobachten. Dazu gehört die zunächst vielleicht nicht leicht erklärbare relative Trittfestigkeit direkt angrenzend zur aktuellen Wasserlinie. Hier sind die dicht gepackten, aber noch befeuchteten Sandkörner durch feine Wasserbrücken in den Kornzwischenräumen aneinandergebunden, weil die Adhäsions- bzw. Kohäsionskräfte sie gleichsam miteinander verkitten. Bis zu einem Wassergehalt von etwa 2% entwickeln sich nur einzelne Verbindungsbrücken zwischen den Sandkörnern. Etwas mehr Wasser lässt dann flächengrößere und komplexere Wasserfilm-Konstruktionen (so bezeichnete Cluster) entstehen. Bis über 10% Wassergehalt bleibt die mechanische Steifigkeit des feuchten Sandes nahezu konstant, obwohl sich die Feinstrukturen auf der molekularen Ebene gewaltig verändern.

Der darüber hinwegschreitende Fuß sinkt daher kaum ein. Wenige Dezimeter strandaufwärts liegen die Sandkörner dagegen ohne die hilfreichen Wasserbrücken im Interstitialraum ganz locker herum und entsprechend mühsam ist hier die Rückkehr zum Liegeplatz oder Strandkorb. Dabei bekommt man zweifellos eine ungefähre Vorstellung davon, wie mühsam eine Sahara-Durchquerung zu Fuß sein muss.

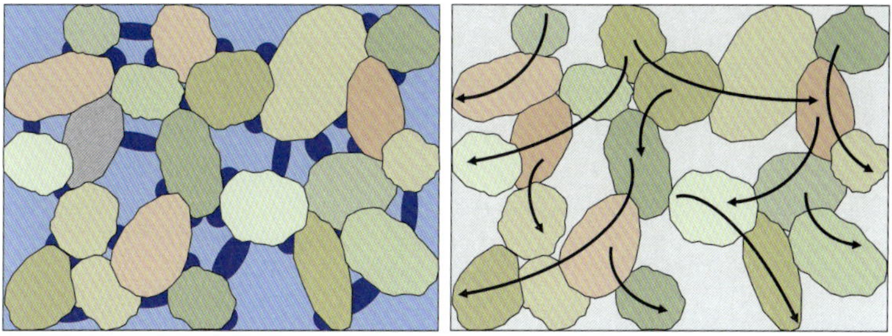

Im feuchten Sand (links) sind die einzelnen Sandkörner durch kleine Wasserbrücken gleichsam miteinander verkittet. Im trockenen Sand (rechts) fehlen die bindenden Kräfte und die immer etwas kantigen Sandkörner bewegen sich – nur noch ein wenig mechanisch ausgebremst – ziemlich hemmungslos relativ zueinander und lassen den Fuß einsinken.

Ein anderes beachtenswertes Phänomen sind die am Sandstrand auffindbaren Lebensspuren von Organismen, die meist viel weiter draußen im Sublitoral zu Hause sind. Gerne aufgesammelte Fundstücke sind die am Spülsaum meist reichlich vertretenen Leerschalen von Muscheln, allen voran diejenigen der in vielen Farbvarianten vertretenen Plattmuschel (*Macoma balthica*). Manchmal findet man aber auch leere Tierwohnungen, die nicht allgemein bekannt sind: Dazu gehören die eigenartigen Wohnröhren des Köcherwurms (*Pectinaria koreni*), der seine beeindruckende Behausung aus einzeln aufgelesenen Sandkörnen zusammenklebt.

Spülsäume sind immer ein ergiebiges Fundgebiet: Im Sandwatt lebt der Köcherwurm, der seine konischen Wohngehäuse aus minutiös verklebten Sandkörnern konstruiert.

Wie Wellenrhythmen Furchen formen

An vielen Stellen ist ein Sandwatt gar nicht so platt bis spiegeleben wie der Belag eines Tennisfeldes. Vielfach zeigt sich ein feines, fast regelmäßiges, aber irgendwie doch recht wirres und meist nicht einmal handbreitenhohes Feinrelief aus gewundenen, gebogenen und spitzwinklig verzweigten Furchen und Rücken.

Dem formalen Reiz der eigentümlichen Sandskulpturen kann man sich kaum entziehen. Kein Bildband über die Strand- und Wattlandschaften lässt nachvollziehbarerweise Fotos der geradezu grafisch anmutenden Grundmuster aus. Was sich als strandweites Bodenrelief präsentiert, nennt man fachsprachlich Rippelmarken oder vereinfacht Rippeln, manchmal auch Sandrippeln oder Wellenfurchen. Als Marken bezeichnete Muster sind im Unterschied zu den Spuren immer anorganischer Natur – sie entstehen ohne jede Beteiligung von Organismen.

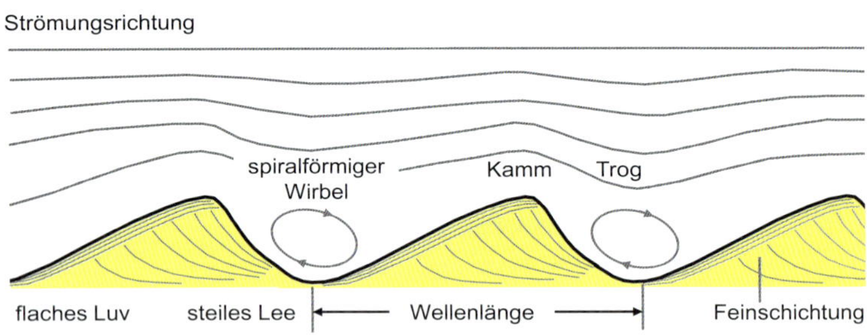

Die Physik der Rippelmarken am Strand ist komplex – die daraus folgende Schichtung zeigt der idealisierte Schnitt. Fossile Rippeln finden sich nicht allzu selten auch auf den Schichtflächen feinkörniger Sedimentgesteine jeglicher Zeitstellung zwischen Erdaltertum und Erdneuzeit, sofern diese unter Flachwasserbedingungen entstanden.

Von kleinen zu größeren Formen

Die ästhetisch wunderschönen Strömungsrippeln und auch die nahe der Niedrigwasserlinie zu beobachtenden Minipriele, die chaotische Muster in den Sand schreiben, sind vergleichweise kurzlebige Strukturen eines Sandstrandes – denn der nächste Tidenzyklus legt hier wieder neue und gänzlich

Rippelmarken oder Wellenfurchen gehören zu den ästhetisch besonders ansprechenden, aber rein anorganisch entstandenen Oberflächenformen am Strand – ein wunderbares Motivangebot für Fotografen.

andere Muster an. Etwas langlebiger sind dagegen die formalen Gestaltungselemente, die den Strand zwischen der jeweiligen Tidenwasserlinie und den ersten Dünenzügen kennzeichnen. Die Grafik zeigt eine etwas idealisierte Abfolge der verschiedenen Bereiche, die man nach morphologischen Geländekriterien unterscheiden kann.

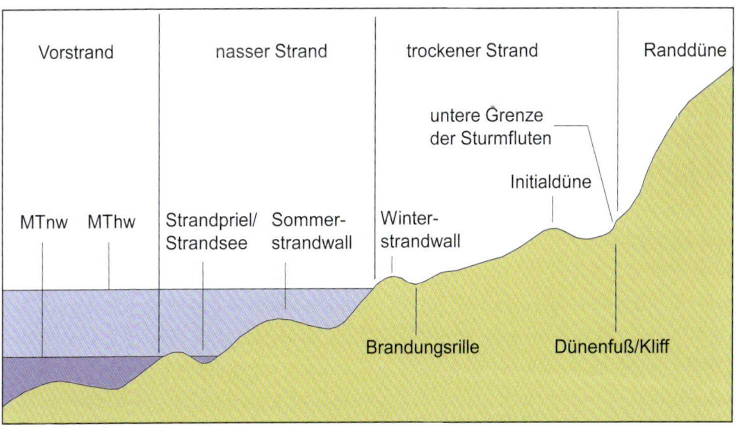

Gestaltungsformen und Gliederung eines Sylter Sandstrandes (MTnw = Mitteltidenniedrigwasser, MThw = Mitteltidenhochwasser)

Ein wenig Dünamik: Sand in Serie

Gleißende Sonne am wolkenlos blauen Himmel und eine angenehm leichte Brise – mit einem kühlen Getränk am Strand liegen und die Ferien im blanken Sand genießen, ist jetzt zweifellos das Größte. Irgendwann knirscht das feine Sediment jedoch zwischen den Zähnen und die Augen spüren es auch, denn der überwiegend auflandige Wind trocknet den Strand an der Oberfläche aus und hat dann ein ziemlich leichtes Spiel mit den feinen Sandkörnern. Tütenweise treibt er sie bei etwas kräftigeren Windstärken vor sich her und schüttet sie am oberen Strand in flachen, kaum auffälligen Wällen auf. Haben sich solche ersten Sandhügel spontan aufgeschichtet, sind auch alsbald die ersten Landpflanzen zur Stelle: Graugrüne Strand-Quecken (*Elymus athericus* u. a.), hier und da ein hübsch helllila blühender Meersenf (*Cakile maritima*) und die oft etwas bleichgrünen Salzmieren (*Honckenya peploides*) teilen sich den ausgesprochen windigen St(r)andort, der sich durch ausgesprochen lockere Verhältnisse auszeichnet.

Wind hält bei trockenem Wetter die Sandlieferung von unten ständig in Gang. Sandkörner, die nicht von den Kapillarkräften der Wasserfilme in den Lücken zusammengehalten werden, werden ziemlich bald völlig haltlos und segeln vor dem Wind in flachen, mathematisch bestechend schönen, parabolischen Flugbahnen landeinwärts. Hier bauen sie schrittweise den oberen Strand auf, der im Sommer kaum noch von den Springtidenflutständen erreicht wird, aber bei starken Winterstürmen beträchtliche Umbauten erfährt. Unterhalb der Tidenlinien setzt sich das typische Strandprofil fort. Nur bei Niedrigwasser werden Strandrinnen mit Strandseen oder hier und da vorgelagerte Sandbänke sichtbar.

Es geht stetig aufwärts

Die zunächst noch flachen Sandwälle wachsen nun allmählich in die Höhe und bilden steilere Sandberge: So wird die noch wenig auffällige Vordüne zur steilkuppigen Weißdüne. Diese erreichen auf Sylt beachtliche Höhen, auf dem nördlichen Nehrungsarm oftmals bis über 30 m ü. NHN. Hier liegt der Lebensraum des Feld-Sandlaufkäfers (*Cicindela campestris*). Seine räuberisch lebenden Larven graben bis zu 40 cm tiefe Gänge in den lockeren Dünensand und lauern an deren Eingang auf Beute, gewöhnlich diverse Kleininsekten oder auch Raupen.

Auf den Kämmen und Leelagen der oft schon recht eindrucksvollen Weißdüne helfen Gräser, das zunächst noch lockere Machwerk zu befestigen – Strandroggen mit breiten, flachen, blaugrauen und Strandhafer mit schmalen, graugrünen, zusammengerollten Blättern. Da sie an vorderster Front stehen, sehen diese Grashorste immer ein wenig nach Sturmfrisur aus.

Mikroskopische Aufnahme eines Blattquerschnitts von Strandhafer zusammen mit einigen Sandkörnern der feinsten Sylter Fraktion

Im Bereich der Weißdünen auch nicht gerade häufig sind die betont dekorativen Exemplare der geschützten (!) Stranddistel.

Eine der seltensten Pflanzen Deutschlands, die Strand-Zaunwinde, kommt in wenigen Exemplaren an verschwiegener Stelle im Bereich der Ellenbogen-Dünen vor.

Wie Dünen altern

Auch in die Jahre gekommene Dünen werden grau. Sobald die als Pionierarten wirkenden Dünengräser den Sand gegen Verwehung wirksam schützen konnten und dichtere Bestände aufgebaut haben, finden sich hier rasch weitere spezialisierte Pflanzenarten ein – darunter das an der Basis immer ein wenig rötliche Silbergras (*Corynephorus canescens*), die in schnurgeraden Ausläufern wachsende Sand-Segge (*Carex arenaria*), der zur Fruchtzeit besonders attraktive Sanddorn (*Hippophae rhamnoides*) und die graublättrige Kriech-Weide (*Salix repens*). Jetzt kann sich in Jahren und Jahrzehnten auch eine dünne Humushaut ansammeln, auf der Moose und Flechten wachsen können. In der gealterten Düne sieht man keinen blanken Sand mehr, wie in der Weißdüne, und die Bodenfarbe wechselt sichtlich nach Grau. Sie haben jetzt eine Graudüne vor sich.

Die seltene Kreuzkröte trifft man mitunter auch in den Weißdünen an.

Schließlich erobern Zwergsträucher wie Besenheide (*Calluna vulgaris*), Glocken-Heide (*Erica tetralix*) und Krähenbeere (*Empetrum nigrum*) neben weiteren Vertretern der Heidekrautgewächse die Düne, womit ein deutlicher Aspektwechsel einhergeht: Die Graudüne wird nämlich zur ziemlich stabilen Braundüne, die gewöhnlich eine Zwergstrauchheide darstellt und vor allem zur Blütezeit im Spätsommer (gewöhnlich zwischen dem 8.8. und 9.9.) prächtige Aspekte bietet. Die Sylter Dünengebiete beherbergen Deutschlands flächengrößte Zwergstrauchheiden. In der Bezeichnung Besenheide steckt der Hinweis auf ihre frühere technische Verwendung. Die volkstümliche Bezeichnung Heide*kraut* ist irreführend, denn die Pflanze ist tatsächlich ein echtes Gehölz. Die beiden blühstarken und aspektbildenden Arten nehmen in den Braundünen bezeichnenderweise unterschiedliche Wuchsplätze ein: Die Besenheide besiedelt die eher trockenen Hänge der Braundünen und ist hier oft untermischt mit der dunkelgrünen Krähenbeere, während die Glocken-Heide die deutlich feuchteren Dünentälchen einnimmt. Im Blühaspekt sind die Unterschiede nicht zu übersehen.

Zum Erscheinungsbild der Graudünen gehören die mitunter recht ausgedehnten Silbergrasfluren – und nicht selten begleitet von Strauchflechten der Gattung *Cladonia.*

Dominant bestandsbildende Art der älteren Dünen ist die Besenheide.

Die Glocken-Heide bevorzugt klar die etwas feuchteren Wuchsplätze in den Dünentälchen.

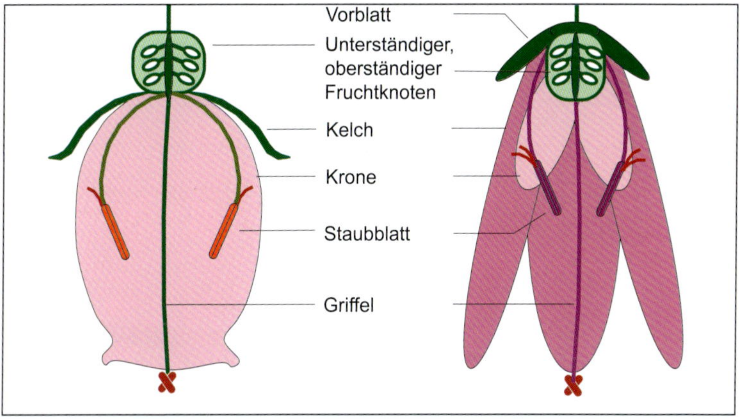

Zwei nahe Verwandte und trotzdem zwei Blütenbaustile: Glocken-Heide (links) und Besenheide (rechts)

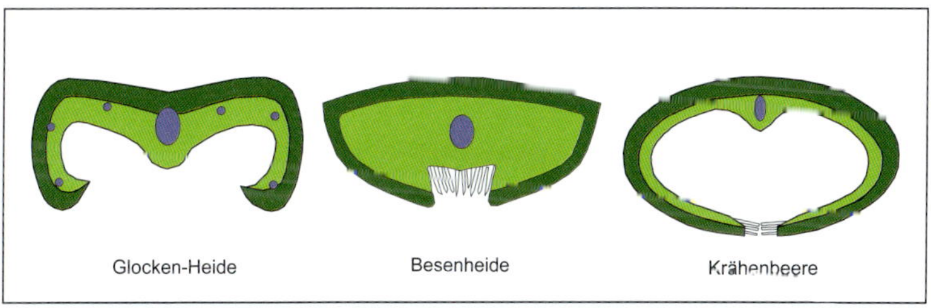

Ökologie exemplarisch: Die eigenartigen Rollblätter der Heidekrautgewächse sind eine exzellente Anpassung an eine zeitweilig schwierige Wasserversorgung.

Die weitere Entwicklung

Wenn es die Topographie zulässt, können sich auf der Braundüne schließlich auch Baumgehölze wie Kiefern und Eichen ansiedeln, was auf Sylt spontan allerdings kaum der Fall ist. Hier und da finden sich im Lee der Braundünen dichte Gebüsche von Stechginster (*Ulex europaeus*), die vor allem während ihrer recht frühen Blütezeit auffallen. Ob die Art mit Verbreitungsschwerpunkt Westeuropa auf Sylt überhaupt autochthon ist oder irgendwann einmal angepflanzt wurde, ist letztlich nicht gesichert. Ein bis in den Spätsommer blühaktiver Kletterstrauch in Braundünen ist das eingebürgerte Wohlriechende Geißblatt (*Lonicera caprifolium*) – wegen seiner ungemein hübschen Blütenstände wird es von manchen Inselbesuchern gar als heimische Orchidee angesehen.

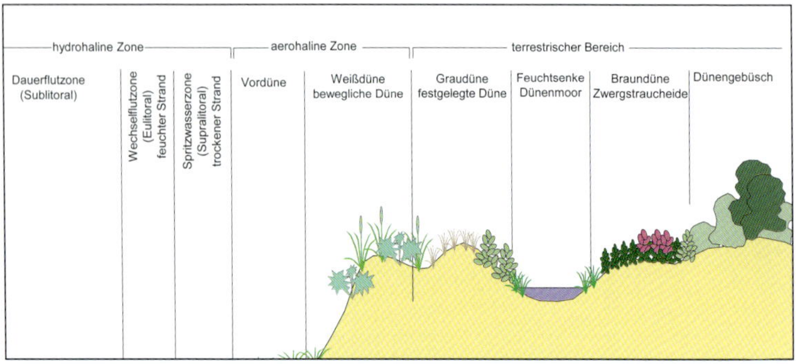

Die Sylter Dünenlandschaft zeigt eine charakteristische Abfolge verschiedener Pflanzengesellschaften – die zunächst noch locker bewachsene Weißdüne entwickelt sich zur dichteren Graudüne fort. Ihr folgt die Braundüne mit ihren ausgedehnten Zwergstrauchheiden, die vor allem zur spätsommerlichen Blütezeit einen überaus prächtigen Aspekt bieten.

Keine natürlichen Wälder auf Sylt

Die Endstadien der natürlichen Vegetationsentwicklung auf Dünengrund ist gewöhnlich ein Baumbestand, den man als Klimaxwald bezeichnen könnte. Auf dem generell windoffenen Sylt findet eine spontane Waldentwicklung allerdings nicht statt – zumal es auch wegen der exponierten Lage keinen ausreichenden Import von Diasporen (Bucheckern, Eicheln, Flügelnüsse von Ahorn und Esche etc.) gibt. Die imponierende Pflanzendecke der ausgedehnten Dünengebiete endet daher mit dichtwüchsigen Zwergstrauchheiden.

Die von Natur aus fehlende Baumschicht bedingte, dass Bauholz für die anfangs noch wenigen Häuser vom Festland eingeführt werden musste. Die eigenen Bestände reichten für die Errichtung von Gartenzäunen nicht aus, was die überall präsenten Steinwälle (Friesenwälle) rund um die älteren Häuser in den Inseldörfern erklärt, welche die seinerzeit frei laufenden Weidetiere (vor allem Schafe) aus dem häuslichen Nutzgarten fernhalten sollten.

Die übrigen Wäldchen der Insel sind erst nach und nach angepflanzt worden. Den Beginn markiert der schon 1767 angelegte und heute ansehnliche

Baumbestand rund um die Kampener Vogelkoje – ein unterdessen ansehnlicher Biotop mit einer beeindruckenden Artenfülle. Die übrigen Aufforstungen erfolgten erst im Laufe des 19. Jahrhunderts, so der 1820 begründete Lornsenhain nördlich von Keitum. Insgesamt nehmen die Sylter Wäldchen eine Fläche von etwa 180 ha ein.

Die vor allem als Sichtschutz rund um die vornehmen Sylter Privathäuser angepflanzten Gehölze bestehen überwiegend aus rundkronig geschnittenen Exemplaren der gebietsfremden Berg-Kiefer (*Pinus mugo*). Gelegentlich sieht man in der Gehölzumrahmung der Anwesen auch die eher passende Feld-Ulme (*Ulmus campestris*) neben der gebietstypischen Silber-Pappel (*Populus alba*) und dem überall präsenten, aus Asien stammenden „Alien" Runzelblättrige Rose (*Rosa rugosa*) mit ihren megagroßen Hagebutten, die fälschlicherweise oft als Dünenrose und auf der Insel oft als Syltrose bezeichnet wird. Die echte und leicht graugrün beblätterte Dünen-Rose (*Rosa pimpinellifolia*), die eigenartigerweise schwarze Hagebutten entwickelt, wird allenfalls kniehoch und findet sich bevorzugt im Bereich der Braundünen. Deutlich höherwüchsige Gartenformen werden jedoch gelegentlich angepflanzt.

Die dicht bestachelte echte Dünen-Rose ist relativ kleinwüchsig und entwickelt zur Fruchtzeit schwarze Hagebutten.

Die landwirtschaftlich genutzten Flächen auf den Geestrücken werden häufig von artenreichen Feldgehölzen gesäumt. Im Freistand zeigen sie – wenn sie eine gewisse Wuchshöhe erreicht haben – häufig die eindrucksvolle Erscheinung der Windschur mit stark in der Hauptwindrichtung fahnenartig verformten Kronen.

An windoffenen Wuchsplätzen wachsen die Gehölzkronen durch Windschur oft fahnenartig ins Lee.

Zwischen Marsch und Meer – die Salzwiesen

Wiesen sind im Unterschied zu Weiden anthropogen geschaffene Grünlandflächen, die ausschließlich der Ernte von Tierfutter (Heu) oder Stalleinstreu dienen. Entsprechend unterscheidet man Futter- und Streuwiesen. Allerdings gibt es auch Mischformen.

Natürliche Wiesen finden sich in Mitteleuropa aber auch – nur jeweils an den geographisch weit auseinanderliegenden, oberen und unteren Enden der Höhenstufenskalierung, einerseits als alpine Matten oberhalb der klimatischen Baumgrenze und andererseits als Salzwiesen in der Gezeitenzone von Weichsubstratküsten. Innerhalb der wenigen natürlichen Wiesenformationen in der Vegetation Mitteleuropas sind die Küsten-Salzwiesen besonders faszinierende Lebensräume. Hier, im unmittelbaren Verzahnungsbereich terrestrischer und mariner Rahmenbedingungen, unterliegen sie im Quasi-Sechs-Stunden-Rhythmus des üblichen Tidenregimes ständig der Dynamik nahezu aller ökologischen Einflussgrößen.

Nur fragmentarisch entwickelt, aber dennoch eindrucksvoll: Salzwiesen-Anteile an der Keitumer Bucht.

Ein besonderer Biotop

Die Hartböden an den Felsküsten Europas sind üblicherweise eine Domäne der Algen und Tange. Die Weichboden-Gezeitenzone (Eulitoral) sowie die nur bei ungewöhnlichen Flutständen bzw. Sturmereignissen erreichte Spritzwasserzone (Supralitoral) dominieren dagegen die Blütenpflanzen und sie werden interessanterweise nahezu ausschließlich vom Festland her besiedelt. In diesem nur zeitweise dem Meer angehörenden Teilbereich siedeln daher konsequenterweise verschiedene Gesellschaften aus Pflanzen terrestrischer Herkunft, die sich erst sekundär an das Leben im ständigen Kontakt zum Meerwasser angepasst haben. Wegen des hervorhebenswert kompetenten physiologischen Umgangs mit dem Stressfaktor Salz bezeichnet man sie als Salzpflanzen (= Halophyten). Die vom Meer nachhaltig geprägte, aber vom Festland ausgehende Vegetation auf den sandig-tonigen Weichböden am Wattrand tritt abhängig von Tidenniveau und Küstenexposition gewöhnlich in gürtelartig angeordneten Zonen bzw. Pflanzengesellschaften auf, die sich nicht immer linienscharf voneinander abgrenzen. Die hier auf den ständig salzimprägnierten Böden wachsende Halophytenvegetation umfasst ausschließlich bedecktsamige Blütenpflanzen, die sich jeweils von terrestrischen Verwandtschaftsgruppen ableiten. Moos- und Farnpflanzen fehlen in diesem

An den Prielrändern kann man ungefähr die tidengesteuerte Zonierung einer Salzwiese ablesen.

Bereich auffälligerweise ebenso wie nadelblättrige Nacktsamer. Auf Sylt sind die Salzwiesen jedoch nicht so großflächig zu erleben wie etwa an der nordfriesischen Festlandküste oder auf einigen Halligen. Einen ersten Eindruck vermittelt jedoch die Überfahrt mit dem Autozug – rechts und links entlang des Hindenburgdamms haben sich auf den jungen Anschlickungsflächen üppig gedeihenden Salzpflanzen angesiedelt und bieten vor allem im typischerweise spätsommerlichen Blütenflor einen überaus prächtigen Anblick. Aus verständlichen Gründen darf man die sicherlich interessanten Halophytenfluren am Damm für eine nähere Inspektion jedoch nicht betreten.

Das Aussehen einer Salzwiese und ihrer typischen Komponenten ist jedoch – zumindest ausschnitthaft – beispielsweise direkt südlich des Rantumbeckens oder im Bereich des Naturschutzgebietes Nielönn bei Kampen zu erleben. Ausgedehnte Salzwiesen finden sich auch an der westlichen Innenseite des Königshafens, doch sind sie hier wegen ständig intensiver Schafbeweidung meist ziemlich kurzrasig und bleiben ohne saisonale Blühphasen. An der von Sandküsten geprägten Nordseeseite der Insel kommen indessen keine Halophytenfluren vor.

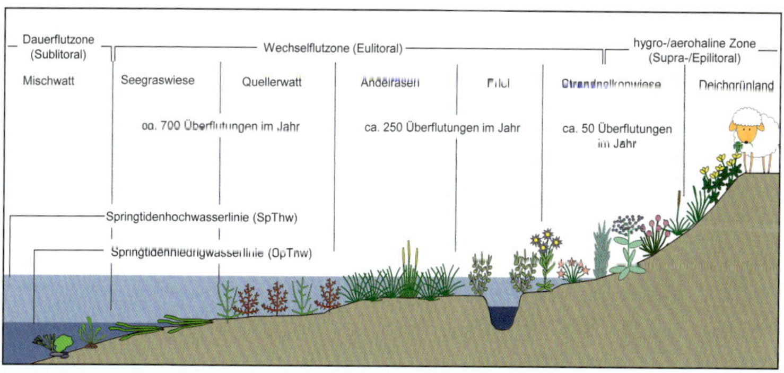

Profil einer typischen Salzwiese – ein Lebensraum in Streifen und Zonen

Pioniere immer vorneweg

Der am weitesten in Richtung Meer vorgeschobene Blütenpflanzengürtel sind die Seegraswiesen – auf Sylt bestehen sie nahezu ausschließlich aus dem Zwerg-Seegras (*Zostera noltii*), das sich an den wattseitigen Stränden vor allem nach betonten Wind- oder Sturmtagen mengenweise am Spülsaum ansammelt.

Mengenweise lädt der Wellenschlag losgerissene Büschel von Seegras am Flutsaum ab. Gewöhnlich handelt es sich um das Zwerg-Seegras (*Zostera noltii*).

Seegraswiesen sind zwar eine typische Einart-Gesellschaft, entfalten allerdings eine enorme ökologische Bedeutung für eine Vielzahl mariner Tierarten, beispielsweise für die Jugendstadien vieler Nutzfischarten. Das früher auch im Sylter Watt häufig vorkommende Echte Seegras (*Zostera marina*) ist durch einen in den 1920er-Jahren eingeschleppten mikroskopisch kleinen Parasiten arg dezimiert worden – die Bestände haben sich bisher nicht wieder erholt. Seegräser sind – auch wenn sie ein wenig wie Grünalgen aussehen – tatsächlich richtige Blütenpflanzen, allerdings mit extrem unscheinbaren Blüten.

Die ausgedehnten Seegraswiesen, etwa im Braderuper Watt oder im Königshafen, sind im Allgemeinen nicht (besonders gut) fußläufig erreichbar. Besser erkennbar ist im Verlandungsbereich des Watts dagegen die Quellergesellschaft mit dem überaus formenreichen Queller. Sie bildet mit ihren sommerannuellen Fluren zwischen MTnw und MThw in landwärts zunehmend dichteren Beständen die niedrige Salzmarsch. Jährlich gehen rund 500–700 Überflutungen über die Quellerfluren hinweg.

Der formenreiche Queller gehört zu den seltsamsten Blütenpflanzen der heimischen Flora – ein Prototyp der halosukkulenten Spezialisten.

Der Queller (*Salicornia* agg.) gehört zweifellos zu den eigenartigsten Blütenpflanzen der heimischen Flora. Während Meersalz für gewöhnliche Landpflanzen ein starkes Gift ist, kommt der Queller mit der Salzfracht, die ihm jede Flut täglich zwei Mal anliefert, offenbar bestens zurecht – allerdings nur eine Wachstumsperiode lang: Die Art lebt nur einjährig und stirbt im Spätsommer bis Herbst ab. Auch der Queller entwickelt nur recht unscheinbare Blüten und lässt seine Pollenladungen von den Tidenströmen verteilen (Hydrogamie).

Die wichtigste ökologische Strategie der Halophyten besteht darin, die Blattfläche enorm zu verkleinern. So können sie die unvermeidliche Meerwasseraufnahme auf ein Minimum beschränken. Gleichzeitig werden sie dick, weil sie in den Vakuolen ihrer Gewebe viel Salzspeicherraum benötigen. Solche Pflanzengestalten nennt man sukkulent und im Fall der Wattrandpflanzen halosukkulent. Der Queller ist dafür ein wunderbares Beispiel – er sieht aus wie ein sehr schlanker, allerdings stachelloser Mini-Kaktus, ist aber im Unterschied dazu nicht stamm-, sondern definitiv blattsukkulent: Die zu schuppenförmig verkleinerten, den erstaunlich dünnen Hauptachsen eng anliegenden Blätter fallen als solche allerdings kaum auf, weil sie so enorm dicht aneinander schließen.

Wenn man einen frisch aus dem Wattboden gezupften Queller anknabbert, schmeckt er wie eine grüne Salzstange. Marinierte oder frische Queller-Stängel werden übrigens als besondere und durchaus empfehlenswerte Delikatesse in Fischgeschäften auch im Binnenland angeboten, manchmal schon im Frühjahr; dann kommen sie meist aus Portugal.

Früher erntete man diese Pflanzen und auch die eng verwandte Strand-Sode (*Suaeda maritima*) im Spätsommer und verbrannte sie. In der Asche fanden sich dann unter anderem mengenweise Kalium-Salze – seinerzeit sehr gesuchte Rohstoffe, die man in Glashütten für die Herstellung von Glasschmelzen (= Glasschmalz ist ein tradierter Name für den Queller) benötigte. Für die notorisch armen Insel- und Marschbauern war das ein durchaus netter Nebenerwerb. Von den Pötten, in denen man die salzigen Wattpflanzen veraschte, stammt übrigens der Name Pottasche für Kaliumcarbonat (K_2CO_3) und das englische Wort *potassium* für das hauptsächlich gewonnene Element Kalium. Die Strand-Sode wurde entsprechend zum Namensgeber für das im angloamerikanischen Sprachraum so bezeichnete Element *sodium* = Natrium.

Die Strand-Sode färbt sich im Spätsommer prächtig karminrot und bestimmt dann den Aspekt der Salzwiesen.

Vom Watt zur Wiese

Wenn sich der Wattboden durch Anschlickung im eulitoralen Quellerwatt bis etwa zur MThw-Linie aufgehöht hat, beginnt der Bereich der hohen Salzmarsch und damit die eigentliche Salzwiese. Hier tritt – im Allgemeinen mit deutlicher Grenze gegen das Quellerwatt – der als dichter Rasen mit langen Ausläufern wachsende Strand-Salzschwaden (*Puccinellia maritima*), ein wertvolles Futtergras, auf. Man bezeichnet ihn auch als Andelrasen (von andeel = Anteil), weil hier die Weiderechte für die Tiere der ansässigen bäuerlichen Anwesen genau geregelt waren. Er bildet die bereits dem Supralitoral angehörende untere Salzwiese (Wattwiese). Diese Zone wird jährlich höhenabhängig nur noch von 70–250 Überflutungen erfasst. Somit erfährt sie im Jahresdurchschnitt Flutwasserstände allenfalls zu etwa 15% der Zeitdauer, wie sie noch für das weiter unten angesiedelte Quellerwatt kennzeichnend sind. Das Arteninventar der Blütenpflanzen wird mit Strand-Dreizack (*Triglochin maritima*), Strand-Milchkraut (*Glaux maritima*) und Salz-Schuppenmiere (*Spergularia salina*) bereits artenreicher und zumindest mit den beiden letzteren Arten

Schlickgras kommt so in der Natur gar nicht vor – die Form ist erst unter der Hand des Menschen entstanden.

Die Salzwiese ist auch der Lebensraum der ökologisch bemerkenswerten Salzkäfer (im Bild *Bledius gallicus*) – sie gehören zu den Kurzflüglern.

auch etwas blumiger. In dieser Zone sind auch die eigenartigen Salzkäfer, wie die Spezies *Bledius gallicus*, zu Hause. Man erkennt ihre Präsenz meist nur an den kennzeichnenden kreisrunden Bohrlöchern im Wattboden.

Mini-Mangrove am Prielrand

Während sich auf den stärker schlickigen Grabensohlen die imposante Hochstaudenflur der Salz-Aster ausbreitet, finden sich an den Rändern von Prielen oder Flutmulden die Bestände der Strand-Salzmelde (*Halimione portulacoides*) – das einzige halophile Holzgewächs im Vorlandbereich. Es vertritt hier eine Pflanzenformation, die an tropischen Küsten die ausgedehnten und mit baumförmigen Vertretern bestückten Mangrovengürtel bildet.

Ein Hauch von tropischer Mangrove: Die Strand-Salzmelde ist das einzige Holzgewächs in der Salzwiese.

An den höheren Priel- und Grabenrändern schließt sich die charakteristische Strandbeifuß-Gesellschaft an, angeführt vom gut kenntlichen und beim leichten Abstreifen der silbrigen Blätter angenehm wermutartig duftenden Strand-Beifuß (*Artemisia maritima*).

Noch weiter landeinwärts löst die obere Salzwiese diese Bestände ab und tritt nun in noch weiter angereichertem und zudem betont blumigem Gewand mit Strandnelke (*Armeria maritima*), Strandaster (*Tripolium pannonicum = Aster tripolium*) und Hallig- bzw. Strandflieder (*Limonium vulgare*) auf. Deren Standorte erreichen nur noch 35–70 Überflutungen im Jahr. Nach einem hier ebenfalls vorkommenden salztoleranten Süßgras bezeichnet man die obere Salzwiese auch als Rotschwingelzone. Sie leitet zum Dauergrünland der den Deichfuß bildenden Wiesen über, die man auch Außengroden nennt. Hier ereignen sich bei außergewöhnlichen Flutwasserständen (Springfluten) nur noch etwa 10 Überflutungen im Jahr. Erst unterhalb der grasgrünen Deichkronen verläuft eine ökologisch bemerkenswerte Trennlinie: Exakt hier liegt nämlich der Grenzsaum zwischen der Natur und dem wirtschaftsbedingten Kulturland.

Klein, aber hübsch und dennoch häufig übersehen – die Salz-Schuppenmiere kommt in der unteren Salzwiese vor.

Nur zur Blütezeit bildet der Halligflieder außerordentlich hübsche Bestände. Auf Sylt ist er – im Gegensatz zu den namensgebenden Halligen – eher kleinflächig oder in eingestreuten Einzelvorkommen verbreitet, aber immer unverkennbar. Er ist die Futterpflanze für eine besonders seltene Käferart, die den etwas sperrigen Namen Halligflieder-Spitzmausrüsselkäfer (*Pseudaplemonus limonii*) trägt. Die Imagines dieser Käferart kommen in Deutschland nur im Bereich des Nationalparks Schleswig-Holsteinisches Wattenmeer vor (einschließlich der bewachsenen Außensande und Halligen) und sind daher im Prinzip ein bezeichnender Endemit der Region.

Der Hallig- bzw. Strandflieder steuert ab Hochsommer überaus prächtige Blühaspekte bei. Die Art ist streng geschützt – und insofern für Blumensträuße absolut tabu.

Bei den Watvögeln am Watt

Sylt gehört erwiesenermaßen zu den besten Vogelbeobachtungsplätzen in Deutschland und hat bei Vogelliebhabern einen entsprechend hervorragenden Ruf. Rund 250 Vogelarten kann man hier im Jahreslauf antreffen. Insgesamt nachgewiesen sind sogar über 300 Arten. Vor dem Ersten Weltkrieg warb Sylt allerdings damit, dass man hier über 200 Vogelarten schießen könne. Zu diesem Zeitpunkt hatte die verdiente Lina Hähnle (1851–1941) bereits längst den Deutschen Bund für Vogelschutz (DBV, heute NABU) gegründet, um den dringend erforderlichen Schutz der Vogelwelt voranzubringen, aber dieses Anliegen hatte sich den schießwütigen Inselgästen offenbar noch nicht mitgeteilt. Der bedeutende Vogelforscher Johann Friedrich Naumann (1780–1857), der seinerzeit auf Sylt häufig beobachtete und dokumentierte, schwärmte indessen bereits 1824: „Im süßen Gefühl des höchsten Genusses, im sinnigen Anschauen dieser ornithologischen Herrlichkeiten versunken, sah ich diese ohne Vögel wohl eher traurige Gegend". Heutige Beobachter werden diese verzückte Notierung zumindest anteilig mittragen können.

Nachdem seit der Fertigstellung des Hindenburgdamms auch Rotfüchse neben Mardern vom Festland her in den zuvor raubtierfreien Inselraum von Sylt eingewandert sind, ging es mit der festländischen Vogelfauna der Insel stetig bergab. Vor allem die bodenbrütenden Arten wie Brach- und Wiesenpieper oder Lerchen, aber auch die größeren Arten wie Kiebitz und Strandläufer haben gegen den notorischen Gelege- bzw. Nesträuber Fuchs keine Chance und sind stark zurückgegangen. Selbst die Möwen legen hier kaum noch am Boden befindliche Brutkolonien an, sondern wählen ungewöhnlicherweise eher Brutplätze auf den sicheren Hausdächern in den Wohngemeinden. Ohne den schlimmen Vogelräuber Fuchs, gegen den die insulare Jägerschaft offenbar zu wenig ausrichtet, könnte Sylt wie ganz früher ein Bodenbrüterparadies sein, denn die landwirtschaftlichen Fluren auf den Geestkernen bieten mit ihrer markanten Kammerung durch Gebüsche und Heckenzeilen ein im Prinzip durchaus zusagendes Lebensraummosaik.

Ein echtes Kontrasterlebnis

Möglicherweise fällt der erste Besuch am Wattenmeer für manche Inselbesuchende zunächst ein wenig enttäuschend aus, denn auf den ersten Blick sehen das Vorland am Deich und erst recht das bei Ebbe tidebedingt frei fallende Watt vielleicht etwas eintönig, leer und langweilig aus. Aber beim genaueren Hinsehen entdeckt man dort je nach Tageszeit und Tidenstand vor allem im Bereich der Wasserlinie dennoch eine Menge Tiere, und das sind vor allem Vögel – und die zählen sogar nach Hundertschaften.

Für zahlreiche Vogelarten sind die Wattgebiete an der Nordsee und daher auch auf Sylt absolut unentbehrliche Aktionsräume. Überall auf der Welt findet man im Grenzgebiet von Land und Meer enorm viele Vögel – so viele, wie man an einem beliebigen binnenländischen Beobachtungspunkt sonst sicher nicht zu sehen bekommt, nicht einmal an den größeren Binnenseen. Das Wattenmeer an der Nordsee ist sogar im Weltmaßstab tatsächlich eines der weltweit fünf vogelreichsten Gebiete überhaupt: Schätzungsweise 10 Millionen Vögel suchen dieses Gebiet jährlich auf. Manche Vogelarten bleiben hier das ganze Jahr zum Brüten, andere kommen auf ihren halbjährlichen Zugrouten eher für eine längere Rast und etliche überwintern hier auch. Somit besuchen auch Durchzügler das Wattenmeer in beeindruckend großer Anzahl, bevor sie über den *East Atlantic Flyway* (vgl. Abbildung S. 83) in ihre weit südlich gelegenen Winterquartiere weiterziehen. Für erklärte Vogelfreunde gibt es demnach an der Küste – und das weitgehend unabhängig von der Jahreszeit – immer viel zu sehen und zu erleben. Manchmal sind die besuchenden oder residenten Vögel sogar in so großen Mengen da, dass auffliegende Schwärme fast wie eine Wolke aussehen.

Bei ab- und auflaufendem Wasser sammeln sich die futtersuchenden Vögel in hellen (und dunklen) Scharen an der Wasserlinie.

Vogelschwärme wie Wolken – am Watt zu den Zugzeiten kein ungewöhnlicher Anblick

Der *East Atlantic Flyway* mit den Flugrouten der jährlich zu den südlichen Winterquartieren ziehenden Arten betont die Bedeutung der heimischen Wattenmeergebiete.

Standortwechsel ist angesagt

Aussichts- und ergebnisreiche Beobachtungsstandorte sind fast alle Küstenabschnitte auf der Wattenmeerseite von Sylt. Als Minimalausrüstung ist nachdrücklich ein betont leistungsstarkes Fernglas oder – noch viel besser – ein Spektiv empfohlen, denn sonst ist die sichere Artdiagnose meist ein wenig schwierig und nicht an allen interessanten Beobachtungsstellen ist für die Besucher eine entsprechende Optik installiert. Echte Ornitho"manen" haben ein solches Equipment ohnehin immer in ihrem Reisegepäck und vielleicht ergibt sich irgendwo auch eine günstige Gelegenheit, dass ein total vogelbegeisterter Mitmensch Ihnen einmal einen Blick auf die faszinierende Welt der Wattvögel gönnt.

Vor allem zu den üblichen Zugzeiten im Frühjahr und im Herbst sind die Wattengebiete geradezu ein Eldorado für erklärte Vogelfreunde. Wenn man ein wenig Geduld und Zeit mitbringt, kann man sicherlich einen größeren Teil der vielen Dutzend Vogelarten sichten, welche die nordfriesischen Wattengebiete aufsuchen. Im Frühjahr veranstaltet man überdies im Küstenraum und auf den Inseln vielerorts speziell sogenannte Ringelganstage, an denen die Rückkehr der interessanten und auf den Wattwiesen weidenden Ringelgänse eindrucksvoll zu erleben ist.

Tipp

Vögel im Watt kompetent beobachten

Gewiss haben auch die größeren Binnengewässer ihre besonderen Qualitäten für die Vogelbeobachtung, aber die Faszination eines Beobachtungsplatzes am Wattrand können sie keineswegs toppen – schon gar nicht zu den Vogelzugzeiten im Frühjahr (zwischen Anfang März und Ende Mai) sowie im Spätsommer/Herbst (von Mitte August bis Ende Oktober). Für eine ergebnisreiche Sichtung sind die folgenden Tipps hilfreich und nötig:

- Unbedingt ein leistungsstarkes Fernglas (mindestens 10 × 40) oder besser noch ein Spektiv dabei haben.
- Grundsätzlich mit der Einfallsrichtung der Sonnenstrahlen beobachten, denn im blendenden Gegenlicht erkennt man bestenfalls nur die Umrisse der Vögel und kaum irgendwelche typischen Farbmerkmale. Die saubere Artbestimmung ist dann schwierig bis unmöglich.

- Ein optimaler Zeitpunkt zum Beobachten ist das gerade einsetzende ablaufende Wasser (Beginn der Ebbe), wenn sich der frei fallende Wattstreifen minütlich verbreitert. Es wird dann nicht lange dauern, bis sich die Watt- und Watvögel von ihren Hochwassereinstandsplätzen scharenweise einfinden.
- Auf keinen Fall den Vögeln über das frei fallende Watt hinterherlaufen, denn von solchen Aktionen gehen unnötige Störmanöver aus. Unabhängig vom Tidenstand immer nur vom Strand aus beobachten.
- Auflaufendes Wasser (Flut) ist für die Vogelbeobachtung ebenfalls bestens geeignet, denn die meisten Vögel suchen ihre Nahrung unmittelbar an der Wasserlinie, kommen also mit der Flut immer näher und bilden zunehmend dichtere Gruppen. Jetzt brauchen Sie nur noch zu warten.
- Stürmisches Wetter ist übrigens für Beobachtungsaktivitäten gar nicht schlecht, denn die Vögel halten sich dann gerne strandnah und vor allem scharenweise im Lee von Buchten oder Lahnungsfeldern auf.
- Ganz wichtig: Hunde am Wattrand auf keinen Fall frei laufen lassen – egal ob kurzbeinige Teppichratte oder reflektorisch agierende Kampfbestie. Unnötig aufgescheuchte Vogelschwärme sind ein extrem unschöner Anblick und für die Tiere aus energetischen Gründen enorm nachteilig.
- Für die Beobachtung ergiebig sind natürlich auch die verschiedenen Hochwasserruheplätze, beispielsweise Lister Haken und Uthörn im Königshafen oder der Lister Koog.

Auf Sylt erfahrungsgemäß ergiebige und gut erreichbare Beobachtungsplätze sind

- Besucherplattform an der Wattseite der Kampener Vogelkoje
- südliche Umrahmung des Königshafens westlich von List
- Keitumer Bucht vor dem Grünen Kliff
- Deich rund um das Rantumbecken

Etliche weitere empfehlenswerte Beobachtungsplätze benennen das nützliche Werk von Moning und Weiß (2010) oder der Sonderband der Falke-Redaktion (2012) – beide sind in der Literaturauflistung am Buchende aufgeführt.

Am Watt sind viele für Vogelliebhaber aufregende Beobachtungen möglich – auch der nicht gerade häufig zu sehenden Löffelente.

Nettes Intermezzo: Das Männchen einer Fluss-Seeschwalbe übergibt ein Verlobungsgeschenk.

Wattvögel sind sie alle

Sobald sie sich einzeln oder meist sogar scharenweise an oder auf den im Tidenrhythmus frei gefallenen Sedimentflächen aufhalten, hat man fast automatisch eine überraschend große Schar von Vögeln auf dem Watt im Blick. Günstigste Beobachtungszeit sind übrigens die letzten Stunden vor dem tidalen Hochwasser, denn die minütlich immer näher zum Strand vorrückende Flut schiebt Ihnen sozusagen auch die Wattvögel für die Beobachtung scharenweise geradezu entgegen.

Was sind Wattvögel? Die Möwen und Seeschwalben gehören natürlich dazu, ebenso etliche Enten-Arten und manchmal auch Gänse oder hier und da die schmucken Löffler. Die Hauptmenge der Wattvögel sind allerdings die Watvögel. Dieser Begriff bezeichnet eine besonders artenreiche Verwandtschaftsgruppe – nämlich eine zoologisch-verwandtschaftliche Ordnung mit dem etwas sperrigen Namen Charadriiformes (Regenpfeiferartige). Viele in diese Verwandtschaft gestellte Arten fallen durch ihre langen Beine sowie spitze, lange Schnäbel und eben ihre besondere Lebensraumbindung an Wasser oder Feuchtgebiete auf. Die eigentliche Begründung zur Abgrenzung dieser systematischen Ordnung sind jedoch anatomische, an der äußeren Vogelgestalt so nicht ohne Weiteres sichtbare, gemeinsame Merkmale, beispielsweise des Stimmapparates, der Brustbeinausformung oder der Sehnenführung am Fuß.

Mit dem bei vielen Ornithologen nach wie vor beliebten Begriff Limikolen bezeichnet man alle Arten der Regenpfeiferartigen, außer der fast immer zahlreich vertretenen Möwenverwandtschaft.

Und übrigens: Die Nationalparkverwaltung hat in Zusammenarbeit mit führenden Naturschutzorganisationen (NABU und Schutzstation Wattenmeer) die „Flying Five" des Wattenmeeres kreiert – fünf für das Gebiet besonders typische Vogelarten, nämlich Alpenstrandläufer (*Calidris alpicola*), Brandgans (*Tadorna tadorna*), Austernfischer (*Haematopus ostralegus*), Silbermöwe (*Larus argentatus*) und Ringelgans (*Branta bernicla*). Die sollte man bei einem Inselaufenthalt (zu verschiedenen Jahreszeiten) auf jeden Fall scharenweise live erleben können, denn es sind keine ausgesprochen seltenen Arten.

Brandgänse (hier ein Männchen mit beachtlichem Nachwuchs) gehören zu den *Flying Five*, die man am Watt gesehen haben sollte.

Nur etwa zwei Dutzend Arten der an unseren Küsten weilenden Wattvögel sind auch gleichzeitig Brutvögel. Die regelmäßig überfluteten Wattflächen scheiden als Brutplätze natürlich aus – die Nistplätze liegen deshalb in den sicheren Wattrandbereichen oberhalb der MThw-Linie: Rotschenkel und Säbelschnäbler, Silber- und Lachmöwe, Küsten- und Flussseeschwalbe legen ihre Nester sicherheitshalber in der oberen Salzwiese an, wo sie für Nesträuber (hoffentlich) nicht erreichbar sind. Auf den Sandinseln und in den Dünen richten sich Sand- und Seeregenpfeifer sowie Zwergseeschwalben ein. Der Austernfischer ist dagegen nur wenig wählerisch – er brütet eventuell auch im binnendeichs gelegenen Kulturland. Seeschwalben und Lachmöwen brüten – wo es noch möglich ist – in größeren Kolonien und genießen daher einen gewissen Schutz vor Nesträubern. In Gesellschaft der Lachmöwen siedeln sich auch Brandseeschwalben an. Alpenstrandläufer, Kampfläufer sowie Sandregenpfeifer sind dagegen Einzelbrüter. Die ehemals bedeutende Kolonie der Raubseeschwalbe auf dem Ellenbogen hat bereits vor Jahrzehnten das lärmend agierende Militär erfolgreich vertrieben.

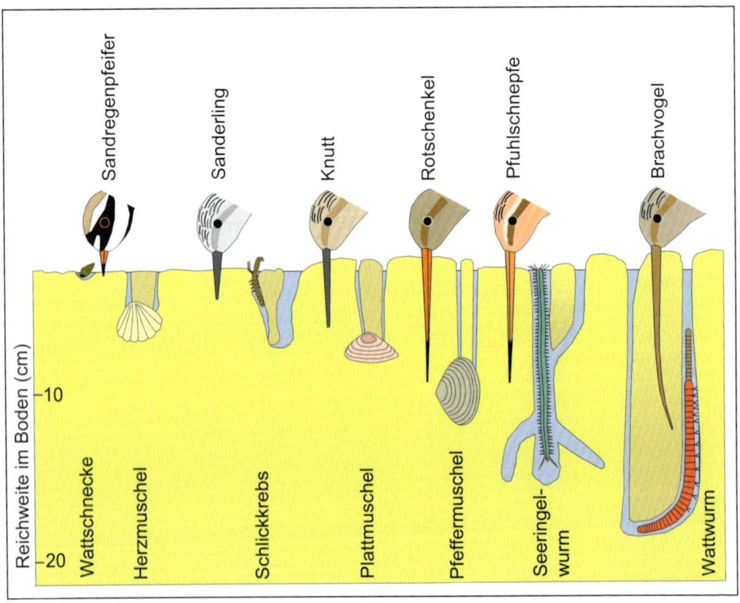

Die arttypische Schnabellänge bestimmt die Reichweite im Wattboden und damit das direkt nutzbare Nahrungsspektrum.

Nutzbare Nahrung satt

Fast alle Wattvögel suchen und finden ihre Nahrung an der Wasserlinie oder auf den freien Wattflächen. Deshalb finden sie sich hier während der Niedrigwasserstände in hellen und dunklen, aber auf jeden Fall individuenreich eindrucksvollen Scharen ein. Während die eingefallenen Gänse- und viele Entenarten ausschließlich pflanzliche Nahrungsgründe (Seegraswiesen, Salzwiesen) beweiden, schöpfen die Limikolen das überreiche Nahrungsangebot der Wattflächen ab – entweder die Arten der Epifauna (wie etwa Schlickkrebse oder Wattschnecken) oder die meist tiefer im Sediment steckenden Wirbellosen (Infauna), denn der Wattboden ist vor allem ein dicht besetzter Lebensraum von Tieren mit Tiefgang. Bei den besonders langschnäbeligen Arten wie Ufer- und Pfuhlschnepfe sowie Großem Brach-

Zum Verwechseln ähnlich – auch die Pfuhlschnepfe gehört zu den langschnäbeligen Wattvögeln.

vogel beobachtet man gewöhnlich heftiges und fortgesetztes Stochern im Sediment und meist ist diese gezielte Suche auch von Erfolg gekrönt – denn die Vögel verfügen offenbar über besondere Sensoren in der Schnabelspitze, mit der sie ihre potenzielle Beute zielgenau orten und ergreifen können.

Selten geht der Schnabel leer aus – die im Watt stochernde Uferschnepfe findet immer etwas Verwertbares.

Der Austernfischer war erfolgreich: Mit seinem kräftigen Schnabel wird er die aus dem Wattboden gezogene Muschel aufmeißeln.

Besonderer Hochbetrieb herrscht im Watt natürlich während der Zugzeiten im Frühjahr und im Herbst. Dann rasten und ruhen im Watt auch solche Arten, deren Brutgebiete weit im hohen Norden liegen, während die Überwinterungsräume sich bis nach Südafrika erstrecken. Die Nordseewatten sind jetzt eine unentbehrliche Proviantstation für die gesamte Vogelwelt aus einem Verbreitungsraum, der mehr als 100 Mal so groß ist wie das Watt selbst. Ein großer Teil der aktuellen Biomasseproduktion im Watt wandert dabei jährlich durch die hungrigen Vogelschnäbel. Die bevorzugten Zugrouten der vielen beteiligten Vogelarten bezeichnet man als *East Atlantic Flyway* (vgl. Abb. S. 83). Alle Nordsee-Anrainerstaaten tragen deshalb eine besondere Verantwortung für diesen unentbehrlich wichtigen Naturraum und seine beeindruckenden Vogelansammlungen, unter anderem deswegen ist er auch seit 2009 UNESCO-Weltnaturerbe. Ob auch die betroffenen afrikanischen Staaten als Zielgebiete ihre Verantwortung für den Schutz der ziehenden Vogelarten angemessen wahrnehmen, erscheint angesichts dort üblichen desolaten politischen Verhältnisse eher unwahrscheinlich. Aber auch die überaus zahlreich präsenten kleineren Limikolen wie die Alpenstrandläufer kommen hier bestens zurecht.

Die nur knapp amselgroßen Alpenstrandläufer (im Bild noch im Brutkleid) gehören während der Zugzeiten zu den häufigsten Wattvögeln.

Ein emsig suchender Vertreter der kleineren Limikolen ist der immer ziemlich rasch laufende Sanderling. Man kann ihn vor allem an der Wasserlinie von Sandstränden erwarten.

Nach ergiebiger Mahlzeit lassen sich Rotschenkel im angrenzenden Kulturland gerne auf Zaunpfählen nieder.

See- und Watvögel gehören zur Szenerie der Küste wie die Singvögel im Garten oder Stadtpark. Mit den eindrucksvollen Vogelzahlen des Wattenmeeres kann allerdings kein Lebensraum des Binnenlandes mithalten. Während der Brutzeit halten sich im Watt zwischen der niederländischen Insel Texel und dem dänischen Fanø Vögel aus allenfalls etwa zwei Dutzend verschiedenen Arten auf, die man so im Binnenland kaum erleben kann.

Zur Zeit des Durchzugs schwillt die Zahl der Arten und Durchzügler auch an den Sylter Wattgebieten aber auf ein Vielfaches an. Das Wattenmeer wird dann zur zentralen Rast- und Durchgangsstation auf dem Weg zwischen den Winter- und Sommerquartieren und ist insofern ein besonders hochrangiges, gänzlich unentbehrliches Gebiet von Weltrang für die Vogelwelt – die Auszeichnung als UNESCO-Welterbe betont es zu Recht.

Mauser zwischen Rast und Reise

Im Vogelleben ist der rhythmische Wechsel des jeweiligen Federkleides eine absolut wichtige Größe. Während die im hohen Norden brütenden Gänse (Blässgans, Graugans, Weißwangengans) meist schon mit gänzlich neuem Federkleid eintreffen, nutzen andere Arten gerade ihren Aufenthalt im Watt zur Mauser. Dabei zeigen sich allerdings höchst unterschiedliche Strategien: Knutts beginnen mit der Erneuerung ihres Kleingefieders sogar noch in ihrem nordischen Brutgebiet und erledigen den Rest während ihrer Rast an unserer Nordseeküste. Alpenstrandläufer und Kiebitzregenpfeifer beginnen dagegen mit dem planmäßigen Gefiederwechsel erst nach der Ankunft im Watt und führen ihn letztlich erst nach Ankunft im südlichen Winterquartier zu Ende. Deshalb erlebt man diese Arten je nach Beobachtungszeit noch im sommerlichen Pracht- oder schon im winterlichen Schlichtgefieder. Für ornithologisch weniger gut Trainierte ist das jahreszeitlich völlig unterschiedliche Erscheinungsbild vieler Arten eine echte Herauforderung, denn man könnte die beteiligen Vögel tatsächlich für gänzlich verschiedene Arten halten. Aber besonders gute Vogelbestimmungsbücher zeigen die Tiere auch in ihren jahreszeitlich verschiedenen und kennzeichnenden Federkleidern. Die Literaturliste am Ende des Buches benennt einige davon.

Auf Sylt ein seltener Brutvogel – die Zwergseeschwalbe

Bei aller Begeisterung für die Wat- und Wattvögel sollte man im Inselraum allerdings auch den jahreszeitlichen Kleinvogelzug nicht außer Acht lassen. Kleinvögel (Singvögel) wandern jahreszeitlich meist im Breitfrontzug, folgen dabei gerne den Küstenlinien und halten sich eher in Strukturen der Kulturlandschaft (Gärten, Gebüsche, Hecken) auf, die noch ein gewisses Nahrungsangebot für die Weiterreise bereithalten. Auch bieten die Dünengebiete eventuell die eine oder andere ornithologische Überraschung, denn hier halten sich zu den Zugzeiten gerne die tagaktiven Sumpfohreulen auf.

Auch Eulen gehören zu den Zugvögeln: Zeitweilig halten sich in den Dünengebieten die auch tagsüber jagenden Sumpfohreulen auf.

Schöne Fundstücke

Wenn man am Strand zur spätsommerlichen bzw. herbstlichen Mauserzeit eine Feder oder im Angespül gar ganze Federansammlungen findet, gehören sie fast immer zu den Konturfedern der Flügel oder zu den Steuerfedern im Schwanz. Meist tragen die größeren Vogelarten wie Möwen, Enten oder Gänse 10–12 Handschwingen. Sie heißen deswegen so, weil sie im äußeren Flügelteil sitzen, der anatomisch unseren Händen entspricht. Weiter nach innen folgen die Armschwingen. Bei Singvögeln sind es meist nur 7–9, bei den Küstenvögeln aus der näheren Verwandtschaft der Regenpfeifer, Brachvögel, Strandläufer und Kiebitze dagegen 11–15. Bei vielen Strandvögeln sind die inneren Armschwingen anders gefärbt als der Rest. Sie liegen schützend über dem zusammengefalteten Flügel und heißen deswegen auch Schirmfedern. Die meisten Vogelarten besitzen 10–12 Steuerfedern.

Die verschiedenen Vogelarten nach Größe und Federkleid zuverlässig zu bestimmen, ist meist kein besonderes Problem. Aber anhand eines einzelnen

Federfundes am Wattsaum den ursprünglichen Träger artgenau auszumachen, ist schon deutlich schwieriger.

Andere Hinterlassenschaften der Strandvögel sind die nicht immer sehr auffälligen Speiballen der Großmöwen, die jeweils die unverdaulichen und wieder verabschiedeten Reste ihrer Standardnahrung dokumentieren. Oft werden sie auf Molen deponiert.

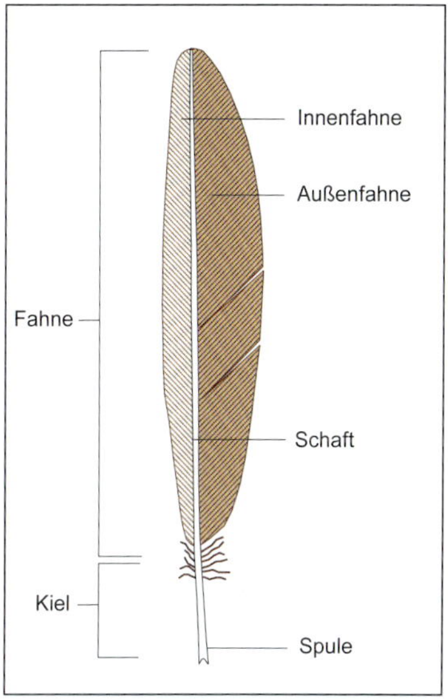

Bauteile einer Vogelfeder – leicht nachprüfbar anhand von Mauserrelikten vom Spülsaum

Für sensibilisierte Sylturlauber und mit dieser Insel erklärtermaßen assoziierte Naturfreunde sind vor allem die Wanderungen an der Ostseite der Insel generell ein besonderes Erlebnis, das man zuhause so gewiss nicht unbedingt genießen kann, wenngleich die dort vorhandene Natur im Jahreslauf ebenfalls mancherlei interessante Eindrücke beschert. Aber auf Sylt ist vieles doch ganz anders und auf eine besondere Weise eindrücklich – eben auf vielen Ebenen ein echtes und erlebniswertes Kontrastprogramm – und sei es auch auf dem Rücken der Pferde.

Zur Mauserzeit sind Federfunde an den Spülsäumen häufig, aber die Artbestimmung ist nicht immer einfach: links eine Steuerfeder der Lachmöwe, rechts eine solche vom Großen Brachvogel.

Nur aufmerksame Strandwanderer werden sie bemerken – die als Speiballen ausgewürgten Nahrungsreste der Großmöwen.

Das kann man im küstenfernen Binnenland so nicht erleben – lassen Sie sich solche Szenen auf keinen Fall entgehen.

Von Robben und Walen

Seehunde gehören zweifellos zu den unangefochtenen Sympathieträgern unserer Küsten, denn mit ihren großen dunklen Augen und dem rundlichen Gesicht bedienen sie perfekt das berühmte Kindchenschema – verständlich, dass sie als plüschige Kuscheltiere gerade bei Kindern überaus beliebt sind. Noch bis 1973 wurden Seehunde als vermeintliche Konkurrenten der Berufsfischerei stark bejagt. Auf Sylt wurden bis zu diesem Zeitpunkt sogar regelrechte Wattsafaris angeboten, damit sich die möglicherweise gelangweilten Kurgäste durch völlig unnötiges Abknallen der Seehunde genügend amüsieren konnten. Wäre die Seehundjagd heute noch zulässig, würden vermutlich nicht wenige aus der zumindest anteilig ziemlich abgedrehten Gästeschar immer noch diesem fragwürdigen „Sport" nachgehen. Welch eine verbogene Psyche muss man haben, um diese wunderbaren Tiere einfach nur so aus Spaß über den Haufen zu schießen. Entsprechend waren die Tiere früher eher selten, zudem ziemlich scheu, und befanden sich am Rande der Ausrottung. Nachdem sie aber unterdessen ganzjährig geschützt sind, haben sich ihre Bestände erfreulich erholt und auch die verheerenden Virenepidemien (Hundestaupe) von 1988 sowie 2002 gut überstanden.

Ein Schiffsausflug von Hörnum oder List zu einer der nahegelegenen Seehundbänke gehört zu den besonderen Ferien- bzw. Urlaubserlebnissen.

Der Jahreslauf der Seehunde

Den Winter verbringen die (meisten) Seehunde auf offener See und fressen sich dort durch erfolgreiche Jagd nach Bodenfischen eine dicke Fettschicht an. Wenn sie im Frühling an die Küsten zurückkehren, bringen die Weibchen ihren Nachwuchs zur Welt. Auf den flachen unzugänglichen Sandbänken fühlen sich die an Land so unbeholfen wirkenden Tiere sicher. Dort bringen die Weibchen zwischen Mai und Juli ihr einziges Junges zur Welt. Junge Seehunde tragen bereits bei der Geburt ein recht kurzhaariges Fell und können daher schon kurze Zeit später schwimmen.

Seehund auf seiner sommerlichen Sandruhebank. Das Tier befindet sich im Fellwechsel und sieht deswegen ein wenig scheckig aus.

Für die Seehundmütter ist der Sommer nun eine Zeit voller Aktivitäten. Sie ziehen dann nicht nur ihre Jungen auf, sondern wechseln gleichzeitig dazu auch das Fell. Daher sonnen sich die Seehunde gerne auf den im Tidenrhythmus frei fallenden Sandbänken, denn sie brauchen jetzt die UV-Strahlung dringend, um in ihrer Haut wichtige Vitamine für den Haarwechsel (vor allem Vitamin D) aufzubauen. Etwa von der letzten Juli- bis in die erste Septemberwoche findet dann die Paarung (im Wasser) statt. Ab Mitte September sind die Weibchen dann wieder trächtig, doch schon nach wenigen Tagen wird die Entwicklung der Embryonen bis etwa Dezember zunächst gestoppt. Sie setzt erst wieder im Winter ein, damit die Geburt der Kleinen in die günstigen Sommermonate fallen kann. Seehundweibchen legen ihren Nachwuchs auch außerhalb einer Kolonie am Strand ab. Die Jungtiere fühlen sich dann oft (aber unzutreffend) völlig verlassen und sind dann buchstäblich ein heulendes Elend. Solche kleinen Seehunde bitte auf keinen Fall anfassen!

Seehundweibchen legen ihre Jungtiere oft irgendwo am Strand ab, während sie selbst auf Jagd gehen.

Besucher der wundervollen afrikanischen Nationalparks kennen natürlich die berühmten „Big Five", die man unbedingt erlebt haben sollte – es sind dies die absoluten Highlights jeder Safari, nämlich Elefant, Leopard, Löwe, Nashorn und Wasserbüffel. Analog hat die Nationalparkverwaltung für die Wattenbereiche ihre „Big Five" ausgewählt. Es sind dies Seehund, Kegelrobbe, Schweinswal, Seeadler und Stör – also drei bemerkenswerte Säugetiere, der größte Vogel der Region und ihr größter Fisch.

Die Kegelrobben sind zurück

Ursprünglich waren die Kegelrobben, die größten heimischen Raubtiere, in der Nordsee sogar häufiger als die Seehunde. In den letzten 40 Jahren sind die seit dem 15. Jahrhundert im Wattenmeer ausgerotteten Kegelrobben durch Zuzug von britischen Populationen aber wieder zurückgekehrt. Der Bestand dieser imposanten Robben konzentriert sich in Deutschland auf nur

Seehunde machen meist nur Jagd auf kleinere Bodenfische und sind daher keine Konkurrenten der Berufsfischerei. Dieses Exemplar hat glücklicherweise eine Makrele ergattert.

wenige Plätze, beispielsweise den Jungnamensand zwischen Sylt und Amrum oder die Insel Helgoland. Anders als die Seehunde bringen die Kegelrobben ihren Nachwuchs ungewöhnlicherweise bereits im Winter ab November auf möglichst abgelegenen Sandbänken und Strandabschnitten zur Welt. Im ersten Monat tragen sie noch ein flauschiges und wenig später ein samtig cremefarbenes Fell („Lanugo"), mit dem sie allerdings noch nicht schwimmen können. Das gelingt erst etliche Wochen später nach einem stabilisierenden Fellwechsel.

Kegelrobben, die größten heimischen Raubtiere, sind mit Seehunden kaum zu verwechseln.

Eigenartigerweise kommen die jungen Kegelrobben mitten im Winter zur Welt. Mit ihrem flauschigen Fell sind sie zunächst noch nicht schwimmfähig.

Tabelle: Seehund und Kegelrobbe im Vergleich

Merkmal	Seehund	Kegelrobbe
Länge (m)	Männchen 2 Weibchen 1,7 Neugeborene 0,6–1	Männchen 2,3 Weibchen 2 Neugeborene 0,9–1,1
Gewicht (kg)	Männchen 70–150 Weibchen 60–110 Neugeborene 8–12	Männchen 170–310 Weibchen 105–185 Neugeborene 11–20
max. Alter (Jahre)	ca. 40	ca. 30
Tauchtiefe (m)	ca. 200	über 300
Tauchdauer (min)	30	20
Atlantische Verbreitung	Nordatlantik bis nach Portugal; an Sand- und Felsenküsten; auch auf dem Eis; westliche Ostsee	Nordatlantik bis in die Arktis, isolierter Bestand in der Ostsee; an Sand- und Felsküsten
Unterscheidungsmerkmale	V-förmig stehende Nasenlöcher, rundlicher Schädel mit kurzer Schnauze	parallel senkrecht stehende Nasenlöcher, kegelförmiger Schädel mit langer Schnauze

Seehunde kann man auf einer Wanderung oder Radtour über den Deich zwischen Königshafen und Lister Koog im Sommerhalbjahr nicht selten auf den Sandbänken von Uthörn sehen. Gelegentlich sind sie auch an der Ellenbogenspitze zu beobachten.

Ab Hafen List und Hörnum bietet ein vom Nationalpark zertifiziertes Unternehmen regelmäßige Beobachtungsfahrten zu den Robbenbänken an, bei denen man auch Kegelrobben zu sehen bekommt.

Ein wenig Beobachtungsethik – zum Umgang mit Robben

Robben (vor allem Seehunde) haben auch an einigen Sylter Stränden ihre Liege- und Ruheplätze. Insofern ist bei Strandwanderungen unbedingt angemessenes Verhalten angesagt.

- Bitte immer mindestens 30–40 m Abstand zu den Tieren halten, nicht lärmen und auch keine hektischen Bewegungen ausführen.
- Robben – auch kranke oder verletzte – niemals anfassen, schon gar keine vermeintlich verlassenen Jungtiere!
- Beim Auffinden einer verletzten oder toten Robbe eine der ab S. 129 benannten Einrichtungen (Arche Wattenmeer/Hörnum, Erlebniszentrum Naturgewalten/List, Naturzentrum Braderup) verständigen – von dort wird man alles Weitere veranlassen.
- Kegelrobben und Seehunde sind Raubtiere – sie besitzen ein bemerkenswert respektables Gebiss – bestens per Fernglas zu erkennen, wenn sie an ihrem Ruheplatz einmal gähnen.
- Sollte einmal eine Robbe fauchend auf Sie zukommen, haben Sie mit Sicherheit eine Grenze überschritten! Dann ist ein sofortiger und unaufgeregter Rückzug empfehlenswert…
- Zur Setzzeit der Jungtiere die betreffenden Strandbereiche nicht aufsuchen.

Sylt und die Wale

Zumindest für die jüngere Inselgeschichte von Sylt ist der meist in niederländischen Diensten erfolgte Walfang (oder sollte man besser sagen: brutale Walschlächterei?) unter dem Regime von erfahrenen Sylter Kapitänen ab dem 17. Jahrhundert eine bemerkenswerte Epoche. Das Sylt-Museum in Keitum krönt seinen Eingangsbereich mit einem beeindruckenden Portikus aus Unterkieferknochen, die von einem 1995 vor Wenningstedt angetriebenen Finnwal stammen. Vielfach war es zur Walfängerzeit üblich, dass die von ihren (nach heutiger Bewertung) schrecklichen Beutezügen heimkehrenden nordfriesischen Seefahrer auch bleibende Erinnerungsstücke mitbrachten und zuhause als geradezu bestialische Gartenzaunsurrogate installierten. Dafür gibt es aber auf Sylt sozusagen Wale zum Anfassen: Ein bronzener Schweinswal schmückt als Handgriff die Turmtür von St. Severin in Keitum und der Innenraum dieser sehenswerten Inselkirche ist durch eine doppelte Flügeltür mit insgesamt vier Handgriff-Pottwalen zugänglich.

In den Innenraum von St. Severin führt nur das kräftige Niederdrücken eines modellierten Pottwals.

Eine lange Bekanntschaft

Wale waren den Menschen schon in vorgeschichtlicher Zeit bekannt. Eine mehr als 4000 Jahre alte Felszeichnung in Südnorwegen zeigt neben anderer Jagdbeute auch eine eindeutig als Wal zu identifizierende Tiergestalt. Naturvölker haben die imposanten Meeressäuger wohl schon immer und unter sicherlich abenteuerlichen Umständen bejagt. Der umfangreichere europäische Walfang begann allerdings erst im 12. Jahrhundert mit den Basken, die in der Biskaya Grönland- und Glattwale fingen und deren ostatlantische Populationen arg dezimierten, obwohl man zunächst nur im Küstenbereich und selbst in Flussmündungen operierte. Spätestens seit dem 17. Jahrhundert, mit Beginn der Hochseejagd, wurde der Walfang immer mehr zur Ausrottungsjagd und kam erst dann – so auch von Nordfriesland ausgehend – zum Erliegen, wenn er sich wegen mangelnder oder selten gewordener Beute wirtschaftlich nicht mehr lohnte.

In diese Zeit fällt auch die inselfriesische Beteiligung an diesem zunächst lukrativen Geschäft. Zwischen April und November war fast die gesamte männliche Inselbevölkerung auf Walfang im Nordmeer zwischen Grönland und Jan Mayen. Zumindest die Kapitäne der Walfangsegler brachten es gewöhnlich zu beträchtlichem Reichtum, wovon ihre prächtigen Kapitänshäuser auch auf Sylt zeugen. Weil auf den kargen Inseln Holz zu damaliger Zeit Mangelware war, umzäunte man die stattlichen Wohnhäuser zum Schutz vor Sandverwehungen einfach mit den reichlich verfügbaren Walknochen. Der von Föhr stammende Kapitän Matthias Petersen gilt als erfolgreichster Waljäger: Innerhalb von fünf Jahrzehnten Gesamtfangzeit erlegte er immerhin 373 Wale – welch traurige Bilanz! Die friesischen Waljäger haben in den wenigen Jahrzehnten ihrer fürchterlichen Raubzüge immerhin nahezu 80% der Finnwal-Population ausgerottet.

Große Wale sind heute in der Nord- oder Ostsee normalerweise kaum live zu erleben – abgesehen von den relativ seltenen Walstrandungen, die dann folgerichtig zum Medienspektakel werden. Ein 1993 vor Rømø gestrandeter, 17,5 m langer Pottwal ist heute als Halbseitenpräparat im Multimar Wattforum in Tönning zu bewundern und eines der Glanzstücke dieser Einrichtung – flankiert von einem Zwergwal (Minkwal) sowie einem Grindwal. Da der Weg nach oder von Sylt sozusagen direkt an der Haustüre des Wattforums vorbeiführt, sollte man unbedingt die Gelegenheit wahrnehmen, diesem interessanten Haus einen Besuch abzustatten. Auch in früherer Zeit haben Walstrandungen die Menschen offenbar stark beeindruckt: In der Greifswalder Marienkirche ist zur bleibenden Erinnerung ein am 30. März 1545 bei Wiek auf Rügen (Halbinsel Wittow) als seltener Ostseeirrgast gestrandeter Schwertwal in Originalgröße (7,3 m Länge, 3,5 m Höhe) dargestellt. Auf diesem Wandbild beruht interessanterweise die Schwertwalabbildung in der berühmten vierbändigen *Historia Animalium* von 1551 des Schweizer Naturgelehrten Conrad Gesner.

Wale live erleben

Wer Wale nicht als eindrucksvolle Skelette in Naturkundemuseen oder als Skelettreste in Kirchen sehen möchte, könnte fast überall in der Welt mit speziell ausgerüsteten Booten auf die hohe See hinausfahren und die zweifellos eindrucksvollen Tiere live erleben. Es geht aber auch praktischerweise sozusagen fast vor der Haustür und außerdem vom Strand aus: Akteure bei diesem Naturschauspiel sind die Schweinswale (auch Kleine Tümmler genannt), die das ganze Jahr über an der Westseite von Sylt und Amrum ihre Nahrungsreviere aufsuchen und dort auch – offenbar bevorzugt – ihre Jungen zur Welt bringen. Für sie hat man in Ergänzung der Nationalparkzonen im Schleswig-Holsteinischen Wattenmeer ein bis zur 12-Seemeilen-Zone hinausreichendes und über 1100 km² großes Walschutzgebiet eingerichtet. Zwar werden hier keine Offshore-Windparks errichtet und auch keine Bohraktivitäten unternommen, aber ansonsten ist auch diese hoffnungsfroh stimmende Bezeichnung eher ein gemütskosmetischer Euphorismus: Deutsche Fischereifahrzeuge dürfen das Gebiet nicht befahren, aber ihre dänischen bzw. niederländischen Konkurrenten durchaus, denn sie unterliegen nicht dem deutschen, sondern dem dringend revisionsbedürftigen EU-Fischereirecht.

Schweinswale gehören eher zu den Zwergen unter den Zahnwalen. Sie werden nur um 1,8 m lang und um 80 kg schwer, wobei die Männchen eher etwas zierlicher gebaut sind. Besonders bei hohen Flutwasserständen kommen sie in einigen Strandbereichen, besonders bei Rantum und Hörnum, bis auf etwa 20 m an die Spülsaumlinie heran, um im Flachwasser nach Fischen, Krebsen und Garnelen zu jagen. Günstige Beobachtungschancen bieten besonders Wetterphasen mit ablandigen Winden, wenn der ansonsten „wilde Westen" der Insel einmal keine heftige Brandung entwickelt. Auf der dann erstaunlich glatten See sind die Rückenfinnen der Schweinswale besonders gut auszumachen. Sie sind zwar auch bei etwas rauerer See strandnah aktiv, aber dann im Gewoge der Wellen kaum zu erkennen.

Meist treten die relativ scheuen Meeressäuger in kleinen Schulen von zwei bis zehn Tieren auf. Im Gegensatz zu ihrem größeren Verwandten, dem Großen Tümmler, springen sie jedoch nicht aus dem Wasser, sondern zeigen dem Beobachter am Strand beim Atmen nur den Rücken mit der markanten, aber recht flachen Rückenfinne. Dadurch sind sie leicht von vagabundierenden Robben (Seehunde und Kegelrobben) zu unterscheiden. Im Frühjahr wandern sie mitunter auch weit in die größeren Flüsse hinauf – und dann begleiten sie eventuell auch die Ausflugsschiffe. Bedauerlicherweise hat in den letzten Jahrzehnten der Bestand an Schweinswalen stark abgenommen. Zu viele von ihnen sterben an den Folgen der Umweltbelastungen oder verenden durch Ersticken in den Stellnetzen der Fischerei. Die Westseiten von Sylt und Amrum gelten als die ganz wenigen Orte an der Nordsee, wo man die Schweinswale ganzjährig regelmäßig beobachten kann.

Bei ruhigem Wasser am Sylter Weststrand zu sehen: Schweinswale strandnah

Auch Wale stranden

Gelegentlich finden auch an den Sylter Küsten spektakuläre Walstrandungen statt, so etwa ein im Februar 1995 vor Wenningstedt auf dem Strand verendetes Exemplar. Im Februar 2016 war es ein junger Schwertwal (Orca). Im

Dezember 2021 wurde an der Ostseite von List ein 8,70 m langes Zwergwal-Weibchen angeschwemmt. Die veterinärmedizinische Untersuchung stellte starken Parasitenbefall sowie diverse Entzündungen fest. Somit fand das Tier wohl ein natürliches Ende. Ende August 2022 strandete bei Rantum ein Grindwal. Im Dezember 1997 gerieten zwei Pottwale am Sylter Weststrand ganz unplanmäßig auf den Strand, aber in der nachfolgenden Flut konnten sie ihre Schule wieder kontaktieren. Doch wenige Tage später strandeten (und verendeten) sie erneut – in Dänemark und in den Niederlanden.

Die Gründe für diese Walstrandungen sind immer noch unklar. Manche Forscher sehen die Ursachen in der beträchtlichen Unterwasserverlärmung der Nordsee durch den lebhaften Schiffsbetrieb oder durch militärisches Gebaren, denn die in der Nordsee übenden Schiffseinheiten könnten durch ihre heftigen Sonaranlagen das sensible Ortungssystem der Tiere nachhaltig stören. Möglicherweise versagt auch ihr Orientierungsvermögen auf den flachen Feinsandböden rund um Sylt. Viele Wale sterben auch an verschlucktem Plastikmüll – bei einem verendeten Wal fand man in seinem Magen größere Netzfragmente aus der Krabbenfischerei und eine komplette Autoplane.

Sicherlich kein schöner Anblick: Einer der vielen in den letzten Jahren an unseren Küsten gestrandeten Pottwale

Unterwegs am und im Watt

Das Watt ist einer unserer größten Naturschätze. Eine (kompetent geführte!) Wattwanderung auf der Ostseite von Sylt, regelmäßig angeboten von allen auf Sylt aktiven Naturschutzvereinigungen (terminliche Details dort und bei den Kurverwaltungen), ist zweifellos ein grandioses Erlebnis, denn hier erfährt (besser: betritt) man eine der letzten und einigermaßen unberührten Naturlandschaften Mitteleuropas und erfährt eine Menge interessanter Sachverhalte aus der spannenden Ökologie der Wattbewohner. Vielleicht ist der erste Eindruck von einem gerade im Tidenzyklus frei gefallenen Watt ein wenig enttäuschend, aber das gibt sich meist schon nach wenigen Schritten und gibt einer wachsenden Faszination Raum. „Gehen wir ins Watt, dann betreten wir eine Welt so alt wie die Erde selbst – einen Ort ursprünglicher Begegnung der Elemente Erde und Wasser, einen Ort der Kompromisse, des Konflikts und des ewigen Wandels" schrieb 1955 die überaus kenntnisreiche amerikanische Biologin Rachel Carson (1907–1964), deren Bücher bis heute lesenswert sind.

Bei aller scheinbaren Gleichförmigkeit ist das Watt einer der spannendsten Lebensräume überhaupt.

Das Watt im kurzen Überblick

Ableitbar aus einer höchst dynamischen jüngeren geologischen Geschichte begleitet die heutige südliche Nordseeküste vom niederländischen Texel bis zum dänischen Fanø ein rund 450 km langer Inselbogen, dessen Seeseite die Außenküste der südlichen Nordsee bildet.

Die verlängerte Elbe mit ihrer Mündung im inneren Winkel der Deutschen Bucht ist eigenartigerweise eine Art Symmetrieachse für die verschiedenen, von Wind und Wasser bedingten Ablagerungsformen von Sediment. In den Niederlanden erstreckt sich etwa von der Mündung des Rhein-Maas-Systems bis ungefähr auf die Höhe von Alkmaar ein lang gestrecktes Strandwallsystem mit hohen Dünen und wenigen schmalen Durchlässen, wie bei Camperduin und Zwanenwater. Eine spiegelbildlich dazu entwickelte Küstengestalt findet sich in Dänemark nördlich von Blåvands Huk mit schmalen Öffnungen zu den hinter dem Strandwall liegenden Lagunen des Ringkøbing- und Nissum-Fjords. Diese Küstengestaltung entwickelt sich unter den Bedingungen eines mikrotidalen Regimes mit Tidenhüben bis höchstens 1,3 m.

Unter mesotidalen Bedingungen mit Tidenhüben zwischen 1,3 und 2,9 m bilden sich dagegen die charakteristischen Barriere-Inseln. In den Niederlanden sind es die Westfriesischen Inseln Texel, Vlieland, Terschelling, Ameland und Schiermonnikoog, an der deutschen Küste die Ostfriesischen Inseln Juist, Norderney, Baltrum, Langeoog, Spiekeroog und Wangerooge. An der dänischen Küste gehören Rømø und Fanø zu diesem besonderen Inseltyp. In ihrem Lee erstrecken sich jeweils ausgedehnte Rückseitenwatten. Zwischen den Inselkörpern verlaufen die tiefen Seegaten als Gezeitenrinnen und Schifffahrtswege.

In Megatidenbereichen mit einem durchschnittlichen Tidenhub oberhalb von 3 m entstehen offene Wattengebiete mit Sandplaten, die eventuell kleinere Dünenzüge tragen, aber insgesamt recht instabil sind. Sie befinden sich mehrheitlich nur im inneren Winkel der Deutschen Bucht zwischen der Außenjade und der Halbinsel Eiderstedt, wie etwa Mellum, Großer Knechtsand und Scharhörn sowie nördlich der Elbmündung mit Trischen, Tertiussand und Blauortsand. Nördlich von Eiderstedt sind die beiden Sandplaten von Süderoog- und Norderoogsand diesem Gestaltungselement zuzurechnen. Neuwerk vor der Elbmündung ist eine schon lange bedeichte Marschinsel. Westlich davon liegt das erst 1989 eigens als Vogelinsel im Hamburgischen Wattenmeer künstlich aufgespülte Nigehörn.

Weltweit das Größte

Zwischen dem Barriereinsel-Bogen und der eigentlichen Innenküste erstreckt sich von den Niederlanden bis nach Dänemark ein 5–20 km breites Watt – mit fast 7500 km^2 Fläche weltweit das größte zusammenhängende Wattgebiet und damit ein in dieser Ausdehnung absolut einzigartiges Lebensraumgefüge.

Unter dem eigentlichen Watt versteht man das gesamte Auftauch- oder Wechselflutgebiet (Eulitoral) zwischen der Hoch- und Niedrigwasserlinie. Das Wattenmeer umfasst dagegen zusätzlich einige Anteile des dauernd überfluteten Sublitorals bis zur 10 m-Tiefenlinie. In einem Felswatt – beispielsweise rund um die Insel Helgoland – besteht der Wattboden aus festem Gestein. Beim Sand- oder Schlickwatt ist der Wattboden dagegen locker und weich. Entsprechend unterscheidet man in der Küstengeographie Hart- und Weichbodenküsten.

Das Watt ist ein ausgesprochenes Sechsstundenland – es gehört mal dem Meer und mal zum Festland.

Wattrinnen, über die sich das Meer bei Ebbe zurückzieht und bei Flut eventuell in Form reißender Ströme zurückkehrt, nennt man Priele. Aus der Luft sehen sie wie das fein verzweigte Geäst eines Baumes aus. Zwischen den Inseln sind sie wegen der erodierenden Wirkung der heftigen Gezeitenströme besonders tief und bilden hier unter anderem das Fahrwasser für die Schifffahrt zu den Küstenorten. Den genauen Verlauf der Fahrrinne markieren oft in den Wattboden gerammte, mit besonderen Farbkennungen versehene Stangen oder unbezeichnete Birkenstämmchen, die Pricken.

Nicht nur das Land, sondern auch die Küsten Europas sind mit dem Einzug des Menschen auf den Subkontinent nachhaltig verändert worden. Trotzdem ist noch viel, vor allem Erhaltenswertes, von der ursprünglichen Wildnis zu erkennen. Aus den verschiedensten Gründen – erfreulichen wie weniger erbaulichen – ist das Wattenmeer in den letzten Jahren wiederholt in die öffentliche Diskussion geraten. Einerseits ist der Erhalt dieses im globalen Maßstab einzigartigen und für wandernde Tierarten völlig unentbehrlichen Naturraums ein besonderes Anliegen von Arten- und Naturschutz, aber andererseits auch das Zielgebiet knallharter wirtschaftlicher Interessen. Immerhin stellt dieser einzigartige Lebensraum an den Küsten der südlichen Nordsee von Den Helder bis Esbjerg neben den Zentral-Alpen die letzte weitgehend naturbelas-

Trotz widerstreitender Nutzungsansprüche hat das Watt im Nationalparkgebiet vieles von seiner Ursprünglichkeit bewahrt.

sene Großlandschaft in Mitteleuropa dar. Es ist deshalb nicht verwunderlich, dass diese Region auch eines der beliebtesten Urlaubsziele in Deutschland ist, womit mancherlei Probleme für den Naturraum Wattenmeer entstehen. Heute versteht man in den Nordsee-Anrainerstaaten (sogar) selbst auf höchster politischer Ebene die vorrangige Schutzwürdigkeit der Wattengebiete. Aus dieser Einsicht wurden die deutschen Wattenmeergebiete zwischen 1985 und 1990 zu Nationalparken erklärt und sind seit 2009 sogar UNESCO-Welterbe. Der Weg dorthin war indessen schwierig. Ein erster Ansatz, die wertvollen Wattengebiete vor der schleswig-holsteinischen Küste als ersten deutschen Küsten-Nationalpark auszuweisen, scheiterte bereits an mancherlei Widerständen in den 1970er-Jahren. Auch die schließlich erfolgte Unterschutzstellung 1985 war schwierig, weil man regional in den vorgesehenen Nutzungsregelungen so eine Art Untergang des Abendlandes befürchtete.

Im Nationalpark Schleswig-Holsteinisches Wattenmeer und somit rund um Sylt darf sich die Natur großflächig und nach ihren eigenen Gesetzen entwickeln, ohne dass der Mensch lenkend oder verändernd in dieses dynamische Geschehen eingreift. Diese Gebiete dienen vor allem der ungestörten Entwicklung der natürlichen Artenvielfalt sowie ihrer Lebensräume, und zwar

Auch auf Sylt liegt die Nationalparkgrenze inselnah vor der Küste…

…aber landseitig schließen sich besonders ausgewiesene Naturschutzgebiete an.

unabhängig von planbaren Zielen und Entwicklungen. So entsteht mittel- bis langfristig wieder echte Wildnis. Darüber hinaus leisten die Nationalparke auch einen wichtigen Beitrag zum hoffentlich erfolgreichen Erhalt von gefährdeten und gar schon vom Aussterben bedrohten Arten.

Nationalparke sollen jedoch nicht nur die Natur und ihre eigene Dynamik schützen und unterstützen, sondern – soweit dies die Schutzzwecke zulassen – den Besucher auch bewusst erleben lassen, dass er selbst ein Teil der Natur ist und mit ihr sowie ihrer Existenz unmittelbar verbunden ist. Ein Besuch bedeutet für alle, die sich auf diese besondere und zugleich schonende Naturerfahrung einlassen wollen, nicht nur Entspannung und Erholung, sondern vor allem auch Inspiration und Teilhabe.

Amphibische Welt

Das Watt zwischen den Inseln und der Innenküste des Festlandes ist eine faszinierende amphibische Welt, die nur bei Ebbe frei fällt und dann scheinbar nicht mehr (ganz) zum Meer gehört. Wer zum ersten Mal zum ausgedehnten Auftauch- oder Wechselflutgebiet zwischen Hoch- und Niedrigwasserlinie aufbricht, ist vielleicht stark enttäuscht: Auf den ersten Blick sieht man tatsächlich wenig bis gar nichts – kilometerweit nur nass glänzende graue Flächen, zergliedert von schmalen oder breiten Prielen, ein paar leere Muschelschalen oder hier und da ein verdrifteter Tangfetzen. Das kann doch nicht alles gewesen sein. Tatsächlich leben hier die meisten Organismen betont zurückgezogen im weichen Wattboden.

Im Gegensatz zum steinharten Felswatt besteht der Wattboden überall nur aus körnigem Sediment. Nach der Körnung unterscheidet man Sand, äußerst feinen Schluff und ultrafeinen Ton mit mikroskopisch kleinen Teilchen. Zu diesen mineralischen Bestandteilen, letztlich allesamt zerriebenes Gestein aus der Moränenfracht der Gletscher und aus dem Transportgut der größeren Flüsse, kommen unterschiedliche Mengen organischer Stoffe. Im hellen Sandwatt ist ihr Anteil relativ gering – die Sandkörner rinnen daher problemlos durch die Finger. Im dunklen Schlickwatt entsteht aus Ton- und Totstoffteilchen allerdings eine äußerst zähe, anhängliche Mischung. Je nach Zusammensetzung und Korngrößenverteilung unterscheidet man verschiedene Wattbodentypen, die jeweils eine besondere Fauna aufweisen. Das betont fußfreundliche Sandwatt kennt man vom Badestrand. Sein Gehalt an organischen Partikeln ist ziemlich gering. Die Sandkörner haften nur bei gewisser Wassersättigung aneinander und ergeben dann ein weitgehend trittfestes Terrain. Auch im Mischwatt, wo der Anteil an Feinteilchen schon deutlich zunimmt, fasst der Fuß noch einen festen Tritt. Kritisch wird es erst im Schlickwatt, das fast nur noch aus Feinstteilchen besteht und einen hohen Anteil organischer Totstoffe aufweist. Diese stammen vorrangig aus den biologischen Produktionsstätten des Meeres: Kleine einzellige Algen und Tiere des Planktons sowie abgestorbene Teile der Unterwasserwiesen und Algen. Solche organischen Partikel, Detritus genannt, bilden die Basis der Nahrungspyramide im Meer. Das Schlickwatt bildet keine Strömungsrippeln aus – bei Niedrigwasser liegt es daher weitgehend glatt und glänzend da. Hier ist immer besondere Vorsicht angesagt, denn der äußerst zähe Schlick gibt jegliches Schuhwerk nur äußerst widerstrebend oder gar nicht mehr frei.

Das immer etwas glänzende Schlickwatt ist ein nicht ganz unkritisches Terrain – besser nicht hineingehen!

Die Unterwelt ist tiefschwarz

Schon wenige Zenti- und im Schlickwatt sogar nur Millimeter unter der hellen Oberschicht beginnt im Wattboden ein tiefschwarzes Kellergeschoss. Manchmal ist es auch noch ein wenig anrüchig, weil es deutlich an den Duft von faulen Eiern erinnert.

Zahllose Bakterien setzen hier die vom Flutstrom eingetragenen Stoffe unterschiedlich rasch um. Direkt an der Oberfläche kann genügend Sauerstoff eindringen, sodass die Mikroorganismen alle organischen Stoffe vollständig abbauen können. Diese Sedimentlage ist die Oxidationsschicht. Tiefer im Wattboden ist der Sauerstoff dagegen ständig Mangelware. Die hier – in der Reduktionsschicht – arbeitenden Bakterien zerlegen die organischen Reststoffe langsamer und vor allem unvollständig. Dabei entsteht aus dem freigesetzten Schwefelwasserstoff zusätzlich das tintenschwarze Eisensulfid.

Bei einer Wattwanderung bekommen die Füße es natürlich sofort mit, aber es gibt auch andere Indikatoren: Diese subfossile Schalenklappe einer Auster hat längere Zeit im anoxischen Sediment gelegen.

Leben unter Tritt und Schritt

Bei einem Streifzug über den Wattboden fallen zunächst solche Organismen ins Auge, die auf der Oberfläche des Bodens leben. Die gelblich braun bis grünlich gefleckte Oberfläche der Sande weist auf den dichten Belag mit mikroskopisch kleinen Kieselalgen hin. Wegen ihrer fein durchlöcherten Schalenstruktur nennt man sie auch Diatomeen (die Durchbrochenen). Dieser feine Teppich, fachmännisch als Mikrophytobenthos be-

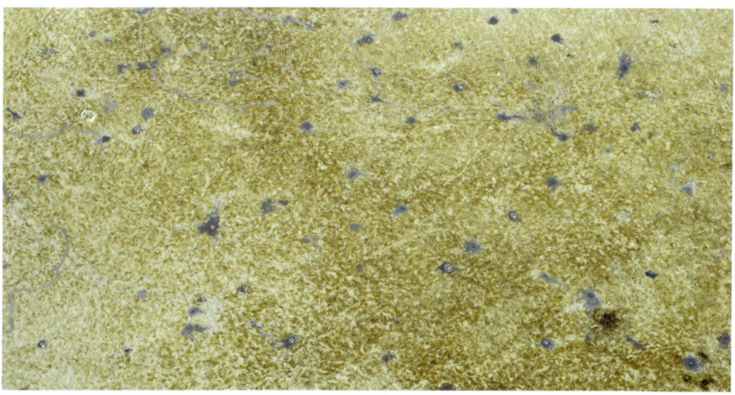

Die feinen goldbraunen Überzüge sind Myriaden von mikroskopisch kleinen Kieselalgen – sie sind die wichtigsten Primärproduzenten im Watt.

zeichnet, bildet die Nahrungsgrundlage für fast alles tierische Leben im Watt. Den dichten Kieselalgenrasen mit seinen rund 1 Mio. Einzelzellen auf der Fläche nur eines Fingernagels beweiden die Heere der Strand- und Wattschnecken. Auch sie besiedeln den Wattboden in großer Dichte und so setzt sich die Nahrungskette fort. Vergleichbar den „Flying Five" und den „Big Five" hat die Nationalparkverwaltung für die kleineren charakteristischen Bewohner im Wattenmeer die Kategorisierung „Small Five" eingerichtet. Dazu gehören Herzmuschel (*Cerastoderma edule*), Wattschnecke (*Peringia ulvae*), Wattwurm (*Arenicola marina*), Strandkrabbe (*Carcinus maenas*) sowie Nordseegarnele (*Crangon crangon*). Einige dieser Arten werden im Folgenden genauer vorgestellt. Sie sind allesamt leicht auffindbar bzw. zu beobachten.

Wenn sich bei Ebbe das Wattwasser zurückzieht, benötigen sie wie alle Meerestiere einen Austrocknungsschutz: Den bietet ihnen ihr Gehäuse, in das sie sich vollständig zurückziehen können. Die lückenlos verschließbaren Klappen der Miesmuscheln und Austern erfüllen die gleiche Funktion. Auf den weiten Wattflächen bilden sie ausgedehnte Muschelbänke und lebendige Riffe. Auch der kräftige Panzer der Strandkrabbe wirkt als Austrocknungsschutz, doch ist er in seiner Wirksamkeit begrenzt. Deshalb verkriechen sich diese Tiere gerne an schattigen Stellen nahe der Buhnen und Muschelbänke oder graben sich sogar in die Oberfläche ein, denn im Sediment bleibt immer eine größere Portion vom Porenwasser zurück. Größere Krabben wie der Taschenkrebs wandern mit der Ebbe vorübergehend in die wasserführenden Priele.

Tiere mit Tiefgang

Der Wattboden erscheint zwar oft wie leergeräumt, aber er hat es buchstäblich in sich: Der weitaus größte Anteil der Wattorganismen lebt zunächst unsichtbar direkt im Sediment. Fachmännisch bezeichnet man sie als Infauna oder Makrozoobenthos. Mit kundigem Blick lässt sich aber doch erahnen, was der Boden birgt, weil die Bewohner an der Oberfläche charakteristische Spuren hinterlassen. Dafür haben sie gute Gründe. Das versteckte Bodenleben schützt zwar vor der Austrocknung, aber wirft dafür im Gegenzug hinsichtlich Sauerstoffversorgung und Nahrungsbeschaffung Probleme auf.

Zwar befindet sich Atemsauerstoff im Porenwasser zwischen den Sedimentpartikeln, aber er verbraucht sich bei einer hohen Besiedlungsdichte ziemlich schnell und ist im zähen Schlick auch recht rar. Wer trotzdem überleben will, braucht einen funktionierenden Zugang zur Oberfläche: Viele Wattwürmer bauen daher Wohngänge, durch die sie frisches Atemwasser heranstrudeln. Solche Wohnröhren können entweder blind enden oder aber auch verschiedene Aus- und Eingänge haben. Wattwürmer und Schlickkrebse bauen eine L- bzw. U-förmige Röhre. Als Antrieb für den Atemwasserstrom dienen ihre Fächerbeine, die verzweigten Blattfüße oder auch das rhythmische Pulsieren des gesamten Körpers. An der Oberfläche erscheinen dann je nach Art unterschiedlich große Löcher und zum Teil auch kleine Abraumhalden mit dem aus den Wohnröhren ausgeworfenen Sediment. Besonders auffällig sind sie beim Wattwurm. Tiefer und standorttreu sitzende Muscheln (wie die Sandklaffmuschel) bilden zwei lange Atemschläuche (Siphone), die oft in einer Röhre gebündelt sind, bis an die Oberfläche. Durch den einen strudeln sie das Atemwasser an, durch den anderen geben sie das genutzte Wasser wieder ab.

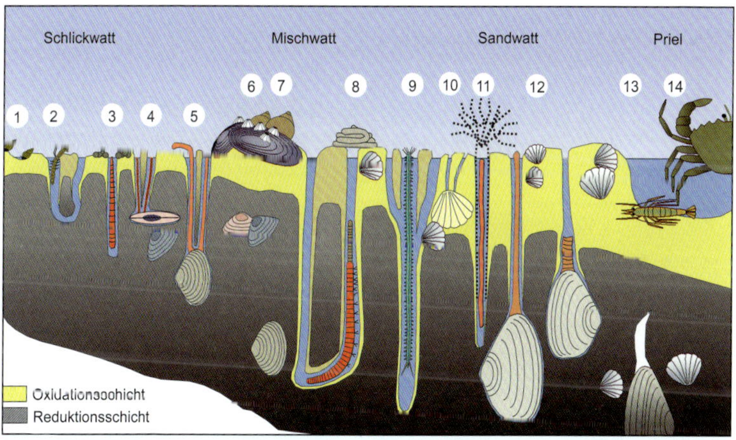

Auf dem Wattboden und tiefer: 1 Wattschnecke, 2 Schlickkrebs, 3 Kotpillenwurm, 4 Baltische Plattmuschel, 5 Pfeffermuschel, 6 Miesmuschel (mit Seepocken), 7 Strandschnecke, 8 Wattwurm (Pierwurm), 9 Seeringelwurm, 10 Herzmuschel, 11 Bäumchenröhrenwurm, 12 Sandklaffmuschel, 13 Sandgarnele, 14 Strandkrabbe

Das Leben im Untergrund stellt die Röhrenbewohner vor das Problem, wie sie ihre Ernährung dauerhaft sichern können. Die Tiere im Wattboden verfügen dafür über originelle Fähigkeiten: Die im Sediment steckenden Muscheln filtrieren mit ihrem Atemwasserstrom Plankton sowie feinste Schwebepartikeln (Detritus) ein und filtrieren sie mit ihren Kiemen ab. Andere benutzen die Spitze ihrer langen, dünnen Atemschläuche als Pipette und suchen so den Boden ringsum nach Mikroorganismen ab. Auch viele Würmer und Schlickkrebse tasten die Bodenoberfläche mechanisch nach verwertbaren Partikeln ab und hinterlassen so charakteristische sternförmige Kratzspuren. Der Bäumchenröhrenwurm konstruiert komplizierte Reusenapparate. Die Kotpillen- und Wattwürmer schlucken gleich das ganze Sediment herunter und scheiden die unverdaulichen Anteile als charakteristische Kotsandhaufen an der Oberfläche gleichsam als Abraum ab.

Schlichtes Fazit: In den küstentypischen Lebensräumen Düne, Strand und Watt kommen zusammen über 8000 verschiedene Arten vor. In einer Art Flipchart in der Erlebnisausstellung Arche Wattenmeer in Hörnum (vgl. S. 133) sind sie minutiös aufgelistet – die meisten allerdings mit ihrer wissenschaftlichen Benennung, weil sie aus mancherlei Gründen keine deutschen Namen tragen.

Besondere Begegnungen

Bei den immer ergebnisreichen explorativen Streifzügen über das Sand- oder Mischwatt – oder gegebenenfalls auch im Angespül am Strand – trifft der aufmerksame Beobachter dieses faszinierenden Lebensraums auf viele Organismen oder deren Reste, die erklärungsbedürftig sind oder sogar etwas Besonderes darstellen. Aus der Fülle der beachtenswerten Objekte, die uns das Meer mit jedem Tidenzyklus buchstäblich zu Füßen legt, wählen wir hier aus einer beachtlichen Menge nur wenige Beispiele aus.

Die Typform des Blasentangs gehört zu den besonders derben und großen Brauntangen. Vertrocknete Exemplare sind vor allem am Weststrand zu finden.

Unter einer Alge verstehen die meisten Menschen irgendein glitschiges Etwas, das sich bestenfalls wie frisch geduschte Haare anfühlt. Algen gibt es an der Küste aber auch etliche Nummern größer und dann nennt man sie nach einem norwegischen Wort Tange. Vor allem im „wilden Westen" von Sylt (auf der offenen Nordseeseite) finden sich im Angespül nicht selten etliche Dezimeter lange Stücke des charakteristischen Knotentangs (*Ascophyllum nodosum*), der meist schon eine weite Reise hinter sich hat, denn er kommt rund um Sylt gar nicht vor, sondern stammt von der Kanalküste oder von Ostengland. Ähnliches gilt auch für den gut erkennbaren Blasentang (*Fucus vesiculosus*), der ebenfalls zu den großen heimischen Brauntangen gehört.

Eine Besonderheit des Nordfriesischen Wattenmeeres ist die besonders schmalbandförmige Sonderform des Blasentangs.

Im nordfriesischen Wattenmeer, und nur hier, kommt von der letzteren Art eine bemerkenswerte Sonderform vor, die der Helgoländer Meeresbotaniker Wilhelm Nienburg (1882–1932) im Jahre 1923 aus dem Lister Königshafen als neue Art *Fucus mytili* beschrieben hat. Dessen Exemplare sind immer blasenlos, dazu bemerkenswert schmal-bandförmig und fast immer mit Byssusfäden auf einer Miesmuschel (*Mytilus edulis*) befestigt. Wie diese eigenartige Lebensgemeinschaft zustande kommt, ist in Teilen immer noch rätselhaft. Heute neigt man in Fachkreisen dazu, den seltsamen Miesmuscheltang nicht mehr als eigenständige Spezies, sondern als bemerkenswerte Variante des Blasentangs aufzufassen.

Strandkrabben exemplarisch

Die Strandkrabbe gehört an allen Küsten zu den häufigsten Tierarten. Oft findet man lebende Exemplare, die sich unter Tang oder zwischen Steinen verstecken. Manchmal liegen auch einzelne Bauteile ihres Panzers irgendwo im Spülsaum des Strandes herum. Strandkrabben sind etwa 6 cm lang und 8 cm breit. Sie können bis zu 30 Jahre alt werden. Allerdings haben sie viele Fressfeinde, darunter Austernfischer und Eiderenten, natürlich auch Möwen und sogar Seehunde. Unterdessen sind sie als Neozoen auch außerhalb ihrer ursprünglich nur ostatlantischen Verbreitungsgebiete nahezu weltweit anzutreffen.

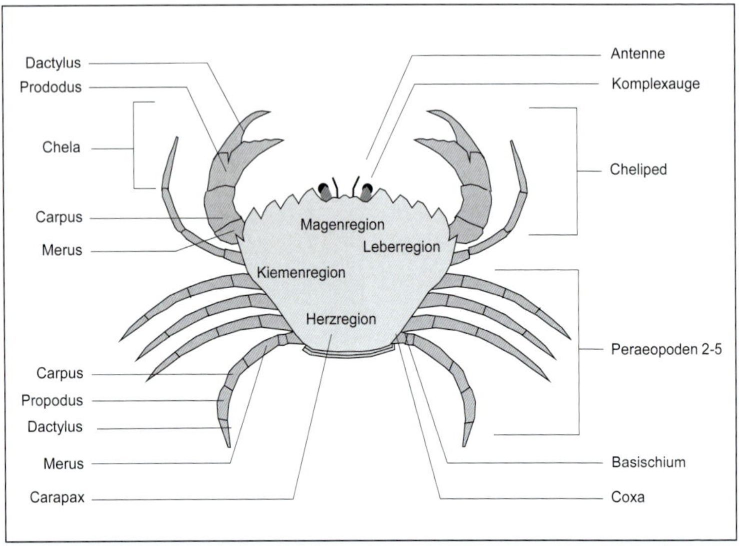

So sieht eine intakte Strandkrabbe von oben aus – und wie die Zoologen sie bezeichnen.

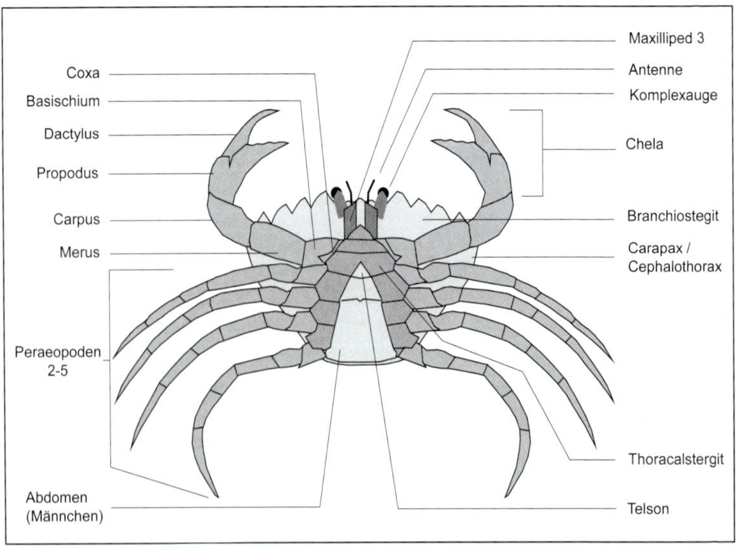

Die einzelnen Bauteile einer Strandkrabbe (in der Grafik ein Männchen) lassen sich am besten von der Unterseitenansicht erkunden.

Zur genaueren Untersuchung der Körpergestalt hält man eine Krabbe vorsichtig zwischen Daumen und Zeige- oder Mittelfinger an den vorderen Ecken des Carapax oder fasst sie von hinten an (Bei den deutlich größeren und kräftigeren Taschenkrebsen wegen der Gefahr des Fingerkuppenquetschens allerdings nicht empfehlenswert!). Die oft etwas ungleich großen Scheren können recht schmerzhaft kneifen und Kinderhände eventuell auch blutig beißen.

An der Form des Pleons lassen sich bei der Strandkrabbe die beiden Geschlechter sicher unterscheiden: Beim Männchen ist es (durch Verschmelzung der Segmente 3–5) 5-gliedrig, ziemlich schmal und relativ lang. Beim Weibchen besteht es dagegen aus 7 relativ kurzen und deutlich breiteren Gliedern (Merkhilfe: „Bikini-Slip"). Während der Fortpflanzungsperiode tragen die Weibchen ihre rund 200 000 Eier bis zum Schlüpfen der Schwimmlarven unter dem seitlichen Borstenbesatz des Pleons, der sich eigens zu diesem Zweck entwickelt.

An den Körperflanken zeichnet sich oberhalb der Beinansätze eine so benannte Pleuralfurche ab. Sie reißt bei der Häutung auf – die Krabbe kriecht dann im Rückwärtsgang aus ihrem alten Panzer einschließlich der Gliedmaßen. Auch die Kiemen werden gehäutet. An leeren Krabbenpanzern (Exuvien), die man am Strand findet, sind deswegen oft noch die alten Kiemenbüschel zu sehen.

Mit diesem gekonnten Griff kann die aufgefundene Strandkrabbe garantiert nicht kneifen.

Tipp

Krabben zeigen folgende auffällige Verhaltensweisen (Reflexe):

- Starrereflex: Ein am Rücken gefasstes und hochgehobenes Exemplar spreizt die Beine weit von sich nach allen Seiten.
- Abwehrreflex: Bei vermeintlicher Gefahr bäumt sich die Krabbe vorne bei weit geöffneten Scheren auf und weicht langsam mit gespreizten Beinen zurück. Vorsicht: Die Scheren schlagen blitzschnell zu und ihr Zulangen kann sehr schmerzhaft sein.
- Wendereflex: Eine auf den Rücken gelegte Krabbe krümmt das letzte Beinpaar flach unter den Rücken und das vorletzte Beinpaar auf den Boden. Beide Beinpaare stemmen sich nun gegen die Unterlage: Die Krabbe findet durch einen gekonnten Überschlag über das Abdomen rasch wieder zu ihrer normalen Bauchlage zurück.
- Fluchtreflex: Bei Gefahr läuft eine aufgestörte Krabbe sehr rasch seitwärts davon. Daher rührt ihre niederdeutsche Bezeichnung Dwarslöper = Schrägläufer.

Gestapelte Schnecken

Wie eine Schnecke sieht sie eigentlich gar nicht aus. Tatsächlich denkt man beim Anblick des bis zu 5 cm langen, leicht gebogenen, breitovalen und gewölbten Gehäuses eher an die Schalenklappe einer Muschel. Verräterisch ist allerdings der kleine Ansatz einer Gehäusewindung am hinteren Ende – eine Struktur, die so bei einer Muschel nicht vorkommt. Noch ungewöhnlicher sieht dieser kleine Mollusk aus, wenn man im Watt eine ganze Kette fest miteinander verbundener Individuen findet, die nach oben immer kleiner ausfallen. Auch das erinnert eher an die Eigenart mancher Muscheln, durch gegenseitige Verankerung ausgedehnte Bänke zu bilden. Aber tatsächlich handelt es sich um eine gehäusetragende Schnecke, die erstmals in den frühen 1930er-Jahren im Sylter Wattenmeer nachgewiesen wurde: Die Amerikanische Pantoffelschnecke (*Crepidula fornicata*) ist ein eingeschleppter Zuwanderer (Neozoon) von der Ostküste Nordamerikas. Der Artname ist überaus trefflich gewählt, denn von unten betrachtet sieht ihr leeres Gehäuse wirklich aus wie ein Pantoffel. Auch die englische Bezeichnung *slipper limpet* nimmt darauf Bezug. Nach Europa gelangte die Art erstmals um 1870 mit eingeführten Austern. Heute kommt sie von Südnorwegen bis Spanien vor.

Üblicherweise sind die im Watt vorkommenden Schneckenarten typische Weidegänger – bei entsprechenden Flutwasserständen kriechen sie auf dem Substrat umher und raspeln mit ihrer rauen Zunge den Kleinstbewuchs ab. Die Pantoffelschnecke ist dagegen überraschend ein Filtrierer: An der Einströmöffnung zum Kiemenraum legt sie einen Schleimfilter aus Klebfäden an und einen zweiten direkt über der Kieme. Mit den Flimmerhärchen auf der Kieme erzeugt sie nun einen Wasserstrom, der auf ihrer linken Körperseite vorne unter das Gehäuse eintritt und diesen rechts hinten wieder verlässt. Daraus filtriert sie kleine Nahrungspartikeln aus – ganz nach Art etwa einer Miesmuschel, die sich ebenfalls als Filtrierer ernährt. Ist der Filter voll, wird er mitsamt dem angesammelten Fang verdaut.

Die aus Nordamerika eingeschleppten Pantoffelschnecken überraschen mit einer recht ausgefallenen Biologie und Ökologie.

Ebenso ungewöhnlich sind aber auch Fortpflanzung und Entwicklung dieser Art. Das Weibchen deponiert sein Gelege zwischen Fuß und Kopf unter dem Gehäuserand und bewahrt die Eier dort einige Wochen lang, bis die schon gut entwickelten Larven schlüpfen. Diese verbleiben etwa einen Monat lang im Plankton und setzen sich dann irgendwo fest. Zu diesem Zeitpunkt sind die Jungtiere männlich, können auch noch gewisse Kriechstrecken bewältigen und suchen sich dann ein schon festsitzendes Weibchen, auf dessen Gehäuse sie sich ansiedeln. Jetzt findet eine bemerkenswerte Geschlechtsumwandlung statt: Die jungen Männchen werden – ausgelöst durch noch unbekannte Signale – zu Weibchen. In einer Gehäusekette (Proliferationskette) sind also die untersten großen Individuen immer weiblich und nur die jüngsten obenauf sitzenden männlich. Dazwischen befinden sich die Tiere in der laufenden Geschlechtsumwandlung.

Und noch ein Alien – die „Sylter Royal“

Kaum ein Sylter Restaurant lässt auf seiner Menüempfehlung die Austernspezialität „Sylter Royal“ (geschützter Markenname) aus. Nachdem die heimischen Austernbänke mit *Ostrea edulis* durch Raubbau und Parasiten schon vor dem Zweiten Weltkrieg so gut wie ausgerottet waren und erneute Ansiedlungsversuche keine dauerhaften Erfolge versprachen, versuchte man im Sylter Wattenmeer vor List die Austernkultur mit der zuvor bereits aus Ostasien über Nordamerika nach Frankreich und Südengland importierten Pazifischen Auster (*Crassostrea gigas*) wiederzubeleben. Diese Muscheln werden in der Blidsel-Bucht nach französischem Vorbild in Netzsäcken (Poches) auf Eisengestellen kultiviert – hier werden sie von jedem Flutstand erreicht und mit sauerstoffreichem Wasser sowie mit frischem Plankton als Nahrung versorgt. Nach rund drei Jahren ist eine solche Auster markt- bzw. verzehrreif.

Etwas unförmig sehen sie immer aus – die eingeschleppten, aber kulinarisch geschätzten Pazifischen Riesenaustern.

Nach allen vorangehenden Beteuerungen der Betreiberfirma sollten die Muschellarven das winterkalte Wasser des Nordfriesischen Wattenmeeres nicht überleben können – eine leider klassische Fehldiagnose, denn *Crassostrea* reproduziert äußerst munter und hat unterdessen fast die gesamte Deutsche Bucht in der Nordsee erfolgreich kolonisiert.

Quallen

Manchmal mengenweise liegen sie vor allem im Spätsommer als unrettbar gestrandete Exemplare an allen Sylter Stränden herum – die bei den Badegästen nicht besonders angesehenen Quallen. Die mit Abstand häufigste Art ist die im Durchmesser bis 60 cm große und meist türkisblaugrüne Wurzelmundqualle (*Rhizostoma octopus*).

Zu den besonders häufigen Strandungen im Sommer und Frühherbst gehört die Wurzelmundqualle (Blumenkohlqualle). Sie besitzt zwar Nesselkapseln, aber die können unsere Haut nicht durchdringen.

Es sind zugegebenermaßen höchst seltsame Tiere, deren Aufbau und Funktion sich nicht auf den ersten Blick und schon gar nicht bei den gestrandeten Exemplaren erschließt. Quallen – zoologisch eher als Medusen bezeichnet – sind die Geschlechtstiere aus einem komplexen Entwicklungszyklus. Die gestrandeten Vertreter sind entweder männlich oder weiblich – ihre jeweiligen Geschlechtsorgane befinden sich unter dem hochgewölbten Schirm (Umbrella). Hier liegen auch die Verdauungsorgane. Randlich ist der Schirm von einem etwas fransigen, kobaltblauen Saum eingefasst. Wurzelmundquallen kann man an der Außenseite des relativ kompakten Schirms problemlos anfassen und umdrehen: Dann erkennt man auch die acht eigenartig geformten und zu einem gemeinsamen Magenstiel (Manubrium) verwachsenen Mundlappen, die jeweils in einem glatten Zipfel enden. Eine Mundöffnung besitzt die Wurzelmundqualle nicht – stattdessen sind die wulstigen Mundlappen von vielen Poren durchsetzt, durch die das Tier beim raschen Schwimmen seine Planktonnahrung einsaugt. Nesselzellen kommen bei dieser Spezies auch vor – aber diese sind zu schwach, um in der menschlichen Haut Probleme zu verursachen.

Allerdings kommen an den Sylter Stränden gelegentlich auch heftig nesselnde Quallenarten vor – darunter die Gelbe Haarqualle (*Cyanea capillata*), die ein wenig wie ein missratenes Spiegelei aussieht, oder ihre blaue

Verwandte *Cyanea lamarckii*. Ihre eventuell etliche Meter langen und manchmal frei umherdriftenden Randtentakeln verursachen nach geringster Berührung anhaltend-schmerzhafte Hautprobleme. Leider kann man den unliebsamen Kontakt im erfrischenden Wellenbad nicht immer vermeiden.

Weniger harmlos sind die Haarquallen der Gattung *Cyanea*.

Erste Hilfe bei Kontakt mit einer Nesselqualle

- Ruhig bleiben und unnötige Bewegungen vermeiden, eventuellen Schockzustand behandeln.
- Betroffene Hautstellen nicht mit Meer- oder Süßwasser abreiben, sondern zunächst mit trockenem Sand oder einem Kleidungsstück austrocknen.
- Anhaftende Tentakelreste vorsichtig mit einer Pinzette entfernen.
- Essig oder Glasreiniger (Isopropanol) auf die betroffene Stelle geben.
- Bei akutem Bedarf Notarzt holen oder zum Arzt gehen.

Das Watt ist sicherlich ein überaus erstaunlicher Lebensraum. Ein Abbild seiner enormen Produktionskraft sind die individuendichten Populationen des tiefer im Sediment sitzenden Wattwurms *Arenicola*, die sich mit den zahlreichen an der Oberfläche ausgeschiedenen Kotsträngen dokumentieren.

Von der beachtlichen Produktionskraft des Wattbodens zeugen die im Sand- und Mischwatt zahlreich vorhandenen Kotstränge der im Untergrund lebenden Wattwürmer.

Das Meer legt uns neben mancherlei interessanten Fundstücken ein in vielerlei Hinsicht bemerkenswertes Auswurfgut vor die Füße, darunter die seltsam anmutenden, gerne als Nixentaschen bezeichneten und zuletzt ziemlich lederig-derben Eihüllen des Nagelrochens oder anderer Arten aus der Haiverwandtschaft.

Besonders verräterisch ist im Angespül die braune Gabelbandalge (*Dictytota dichotoma*) – sie ist nämlich eine typische Art der wärmeren Meere weltweit, die seit geraumer Zeit aber auch wieder vermehrt die Nordsee bewohnt und damit als sicherer Indikator des Klimawandels mit Erhöhung der Meerwassertemperaturen gilt.

An den Spülsäumen findet sich immer etwas Merkwürdiges – darunter auch die als Nixentaschen bezeichneten Eihüllen des Nagelrochens.

Die zu den Braunalgen gehörende Gabelbandalge (*Dictyota dichotoma*) ist eher eine Art der wärmeren Meere. Seit geraumer Zeit findet man sie auch wieder an den Sylter Stränden.

Das Watt ist – auch wenn man nur zu einem kurzen Spaziergang an seinem Saum unterwegs ist – ein unglaublich spannender Erfahrungsraum, wo es eine Menge Dinge aus der Natur zu erfahren und zu erkunden gibt. Beim Geschwindritt am Wattsaum entlang erschließt sich diese faszinierende Welt vermutlich nicht, aber auch das ist zweifellos ein besonderes Erlebnis.

Auch ein bemerkenswertes Watterlebnis – ein Ritt entlang der Flutmarke

Das muss ich sehen

Wenngleich für naturbegeisterte Inselbesucher die reichhaltige Natur mit ihrer beeindruckenden Artenfülle klar im Vordergrund des Erlebens steht, bietet Sylt (und das nicht nur für etwaige Regentage) eine Reihe bemerkenswerter Anlaufpunkte bzw. Attraktionen, die man unbedingt wahrnehmen sollte – zumal bei mehrtägigen Aufenthalten. Die einzelnen hier versammelten Einträge sind alphabetisch angeordnet.

Braderuper Heide

Zu den vergleichsweise einfach zu erwandernden Naturschutzgebieten im Osten von Sylt gehört die etwa 137 ha große Braderuper Heide zwischen Kampen und (Wenningstedt-)Braderup, ein besonders erlebniswertes Gebiet mit weiten Blicken entlang des nördlichen Nehrungsarms der Insel bis List, ferner über das Wattenmeer bis zur dänischen Küste sowie der Ostflanke des zentralen Geestkerns über Keitum hinaus bis zum Hindenburgdamm. Die Fläche steht seit 1987 unter Naturschutz und ist gleichzeitig Bestandteil des FFH-Gebietes „Dünen- und Heidelandschaften Nord- und Mittel-Sylt“ sowie des EU-Vogelschutzgebietes „Ramsar Gebiet Schleswig-Holsteinisches Wattenmeer und angrenzende Küstengebiete“. Betreut wird sie von der rührigen

Statt der früher üblichen und allzu zahlreichen Trampelpfade erschließen nun ordentliche Wanderwege das bemerkenswerte Heidegebiet.

Naturschutzgemeinschaft Sylt, die in Braderup ein interessantes Informationszentrum unterhält. Im Norden geht sie in das Naturschutzgebiet Nielönn nördlich von Kampen über. Das Gebiet ist sanft modelliert und lässt hier und da die Schmelzwasserrinnen der abtauenden saalezeitlichen Gletscher erkennen. Vor dem Abbruch der Heidefläche zum Watt erstreckt sich das Weiße Kliff mit seinen tertiärzeitlichen Kaolinsanden (s. Abschnitt weiter unten).

Anders als die Heideflächen etwa in den Dünengebieten des Listlandes hat die Braderuper Heide eine andere Entstehungsgeschichte. Sie entstand auf dem größten Teil ihrer Fläche durch die Rodung der hier einst wohl flächig vorhandenen Gehölzbestände sowie nach Entfernen der krautigen Pflanzendecke: Weil industriell hergestellter Mineraldünger in früheren Jahrzehnten nicht zur Verfügung stand, war es notwendig, den Ackerböden anderweitig Nährstoffe zukommen zu lassen, um ihre Ertragsfähigkeit zu sichern. In vielen Gebieten schälte man dazu auf ackerbaulich nicht genutzten Flächen den mit Gras oder Zwergsträuchern bewachsenen Oberboden stückweise – eben in Plaggen – ab und verwendete ihn zunächst als Stalleinstreu. Zusammen mit den organischen Ausscheidungen der Nutztiere wurde er später auf den hof- oder dorfnahen Fluren (= Eschen) ausgebracht und bildete hier im Laufe der Jahrzehnte einen durchaus ertragssicheren, aber gänzlich anthropogen entstandenen Boden, den Plaggenesch. Die Plaggenwirtschaft mit Plaggenhieb bzw. Plaggenstechen förderte durch den regelmäßigen Verlust des Oberbodens die Heidebildung. Heute führt man Abplaggen auf Heideflächen nur noch als Pflegemaßnahme durch – denn diese durch Übernutzung entstandenen Lebensräume sind neben der Beweidung nur durch eine weitere künstliche Degradierung zu erhalten. Insofern ist auch die Braderuper Heide, wenn sie in den Spätsommerwochen eindrucksvoll in Vollblüte steht, keineswegs pure Natur, sondern eine durchweg anthropogen entstandene Kulturlandschaft – aber eben so wertvoll, dass man sie zu Recht unter Naturschutz gestellt hat. Die Natur dankt solchen Sekundärlebensräumen ohne nennenswerten Nutzungsdruck mit einem beachtlichen Artenreichtum, der auch die Braderuper Heide auszeichnet. Bislang wurden in diesem Heidegebiet fast 2500 Tierarten (darunter ca. 600 Schmetterlingsarten) sowie etwa 150 Pflanzenarten nachgewiesen – für einen Sekundärbiotop zweifellos eine stolze Bilanz.

Vor der Ausweisung zum Naturschutzgebiet (und den dann einsetzenden Pflegemaßnahmen) sah das Gebiet eher desaströs aus – überall wilde Liege- und Picknickplätze sowie mehr als 20 km wirr verlaufende Trampelpfade. Diese durch ungezügelte Besucherscharen heftig malträtierten Bereiche hat sich die Heide unterdessen glücklicherweise wieder zurückerobert – auch dank einer gelungenen Besucherlenkung über fest vorgegebene Wege.

Die Zuwegung entlang der Heide zum angrenzenden Watt flankieren hier und da artenreiche Gebüschgruppen, zum Teil mit eindrucksvoller Windschur. Hier findet sich nicht selten ein recht invasiver Alien, die aus Nordamerika stammende Spätblühende Traubenkirsche (*Prunus serotina*). Diese Art bedarf dringend einer rigorosen Ausbreitungskontrolle, auch wenn ihre Früchte eine durchaus willkommene Vogelnahrung bieten.

In den Randgebieten der Braderuper Heide macht sich die aus Nordamerika stammende Spätblühende Traubenkirsche als recht invasive Art breit.

Eidum-Vogelkoje

Etwa auf halbem Weg zwischen Westerland und Rantum liegt randnah zum rundum abgedeichten Rantumbecken eine ehemalige Vogelkoje, die 1874 errichtet wurde und bis 1930 in Betrieb war. Ein Hinweisschild an der Fahrstraße weist den Weg. Eidum ist der Name eines längst untergegangenen Dorfes, das – ebenso wie sein namensgleicher Nachfolger – die häufigen Sturmflutattacken der anbrandenden Nordsee nicht überstanden hat. Die dritte und nunmehr auf der Geest gegründete Siedlung nannten die Bewohner Westerland (ursprüngliche Schreibweise Wester-Land).

Die Eidum-Vogelkoje befand sich bis 2009 in der Obhut des 1907 gegründeten Vereins Jordsand – benannt nach einer früheren Hallig im dänischen Wattenmeer, die aber seit 1999 nicht mehr besteht und tidenabhängig nur noch als Sandbank wahrzunehmen ist. Der Verein betreut nach wie vor das Naturschutzgebiet Rantumbecken. Seither hat der gemeinnützige Verein „Hegering Sylt" die Einrichtung übernommen und mit viel Engagement als Demonstrationsanlage wieder instandgesetzt. Zudem versteht sich die ehemalige Vogelkoje als „Lernort Natur", denn in einem zugehörigen kleinen Stationsgebäude können interessierte Besuchergruppen (auch Schulklassen) begreifen, erleben, experimentieren und verstehen lernen.

Früherer Fangteich der Eidum-Vogelkoje – heute ein besuchenswerter Ort der naturkundlichen Allgemeinbildung.

Die Einrichtung ist von Mitte Mai bis Mitte Oktober geöffnet. Die etwas erratischen Öffnungszeiten erfährt man unter 0171 – 21 67 887 oder über die Kurverwaltungen.

Erlebnis-Ausstellung „Arche Wattenmeer"

Die 1962 gegründete und überaus rührige Naturschutzvereinigung "Schutzstation Wattenmeer" leistet anerkennenswert hervorragende Naturschutzarbeit und hat in Hörnum in der profanierten katholischen Kirche St. Josef ein unbedingt erlebniswertes Nationalpark-Haus mit Informationszentrum eingerichtet – die Umwidmung der Kirche in eine solche Publikumseinrichtung war kirchlicherseits offenbar kein Problem, denn die *Bewahrung der Schöpfung* ist das gemeinsame Ziel der christlichen Kirchen und der Schutzstation.

Die ideenreich und liebevoll arrangierte Ausstellung informiert kompetent über die zentralen Anliegen des Naturschutzes im Wattenmeer – in der Dauerpräsentation ebenso wie in wechselnden Sonderausstellungen.

In der profanierten Hörnumer Kirche St. Josef hat die Naturschutzorganisation *Schutzstation Wattenmeer* eine bemerkenswerte Ausstellung eingerichtet.

Unter den vielen Exponaten verdienen die Aquarien besondere Beachtung – sie erlauben interessante Einblicke in die Unterwelt des Sylter Wattenmeeres.

Weitere Sylter Anlaufpunkte der Schutzstation Wattenmeer sind (seit 2019) das alte (per Rad erreichbare) Schöpfwerk südlich von Keitum, von wo aus Wattwanderungen durchgeführt werden, sowie eine Anlaufstelle im Hamburger Jugenderholungsheim Puan Klent in Rantum. Mitarbeitende der Schutzstation begleiten auch mit sachkundiger Information die Ausflugsfahrten von Hörnum aus zu den Robbenliegeplätzen.

Schutzstation Wattenmeer
Nationalpark-Haus „Arche Wattenmeer"
Rantumer Straße 33
25997 Hörnum
Tel. 04651 – 8 86 22 29
Geöffnet April–Oktober Di–So 10–18 Uhr
hoernum@schutzstation-wattenmeer.de
www.arche-wattenmeer.de

Erlebniszentrum Naturgewalten

In der beeindruckenden Ausstellung zu den Themen Nordsee, Naturgewalten und Klima auf Sylt auf 1500 m^2 barrierefreier Ausstellungsfläche erfahren Besucher viel Wissenswertes über die Themenbereiche Kräfte der Nordsee, Leben mit Naturgewalten sowie Klima, Wetter, Forschung in der Nordsee und Naturräume der Insel Sylt. Diese bemerkenswerte und weltweit einzigartige, dieser besonderen Thematik gewidmete Institution existiert seit 2009. Die Ausstellung ist multimedial und interaktiv angelegt. Durch ein mehrsprachiges Audiosystem können die Besucher selbstständig durch die faszinierende Welt der Naturgewalten schlendern.

Das *Erlebniszentrum Naturgewalten* in List darf man bei einem Sylt-Aufenthalt auf keinen Fall auslassen – es präsentiert eine einzigartige Instruktion der gewaltigen Naturkräfte, die (auch) an der Inselsubstanz von Sylt unablässig nagen.

Das auch in seiner ungewöhnlichen Architektur äußerst beeindruckende Erlebniszentrum zeigt Ihnen im Themenbereich *Kräfte der Nordsee* die Entstehung der Insel Sylt und erläutert mögliche weitere Veränderungen. Es demonstriert Küstenschutzmaßnahmen und erklärt auch den Weg der berühmten Lister Wanderdünen. Als spannende Höhepunkte erwarten Sie hier der Wellenkanal und der Sturmraum, in dem man einen handfesten Orkan live erleben kann. Die Ausstellung ist trotz ihrer thematischen Komplexität auch für Kinder bestens geeignet und außerordentlich spannend.

Ein besonderes Highlight ist der neue Syltdome mit seinem 360°-Kino und einem beeindruckenden 15-minütigen Film mit vielen Wow-Effekten. Täglich um 17 Uhr gibt es eine 45-minütige Vollversion zur Sylter Natur. Weitere faszinierende Produktionen werden folgen. Eine bemerkenswerte Attraktion vor allem für Schulklassen ist das 2022 eröffnete Wattlabor: Hier können junge Forscherinnen und Forscher beispielsweise erleben, wie Miesmuscheln das leicht eingetrübte Wasser in ihrem „Ersatzlebensraum" Becherglas durch Filtration wieder klären. Viele weitere Aha-Effekte sind hier live zu erfahren.

Direkt benachbart zum Erlebniszentrum ist die bedeutsame Forschungseinrichtung Wattenmeerstation der Biologischen Anstalt Helgoland, die zur Stiftung Alfred-Wegener-Institut (AWI) gehört. Das Erlebniszentrum bietet in der Saison gelegentlich Führungen in dieser Einrichtung an und informiert über Aufgaben des AWI sowie aktuell in Arbeit befindliche Forschungsthemen. Termine sind zu erfahren bei der unten angegebenen Rufnummer, im Internet oder in den Touristikbüros.

Hafenstraße 37
25992 List / Sylt
Tel.: 04651 83 61 90
www.naturgewalten-sylt.de

Kampener Vogelkoje

Die fachliche Bezeichnung hört sich ein wenig kuschelig und nach betonter Vogelfürsorge an, aber es war eher das krasse Gegenteil: Tatsächlich ging es hier den auf ihrem herbstlichen Rückzug in die südlicher gelegenen Winterquartiere eintreffenden Enten buchstäblich und definitiv an den Kragen. Vogelkojen waren nämlich ganz und gar perfide Entenfangeinrichtungen – schon um 1730 auf den Nachbarinseln Amrum und Föhr nach niederländischem Muster errichtet.

Eine Vogelkoje besteht aus einem quadratischen oder rechteckigen, etwa 60 × 60 m messenden Süßwasserteich inmitten von dichtem Gehölzbestand, dessen (meist) vier Ecken in bis zu 40 m lange geschwungene Gräben (= Fangpfeifen) auslaufen. Jede dieser Fangpfeifen ist oben und seitlich mit Maschendraht oder Netzwerk überdeckt und endet in einer Reuse mit Fangkasten, aus dem es kein Entkommen mehr gab.

Mithilfe zahmer bzw. flügelbeschnittener Enten wurden die auf dem Teich eingefallenen Wildenten durch gezieltes Anfüttern in eine der Fangpfeifen gelockt. Der hinter hohen Schilfmatten versteckte Kojenwärter trieb sie – eventuell unterstützt von einem Kojenhund – in den am Ende befindlichen Fangkasten. Hier wurden die Vögel ergriffen und „ge(g)ringelt“: Man drehte ihnen mit sicherem Griff schlicht den Hals um, was als besonders rasches sowie (relativ) schmerzfreies Tötungsverfahren galt.

Erbeutet wurden vor allem Pfeif-, Krick- und Spießenten, gelegentlich auch Löffel- und Stockenten. Abends holten die Frauen den jeweiligen Tagesfang ab und bereiteten die erbeuteten Vögel für den Versand (z.B. durch Einpökeln) vor. Die gerupften Federn durften sie behalten bzw. veräußern.

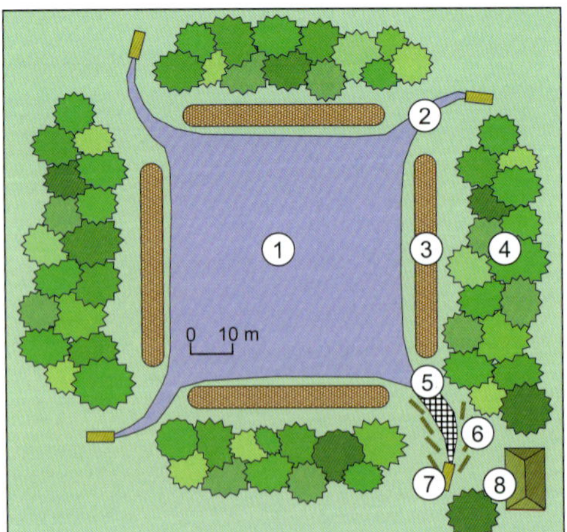

Grundriss einer Sylter Vogelkoje: 1 Kojenteich, 2 geschwungene Fangpfeife, 3 Erdwall, 4 Bäume und Sträucher, 5 Fangreuse, 6 Schilfmatten, 7 Fangkasten, 8 Kojenwärterhaus

Eine solche ehemalige Entenfangstätte ist die Kampener Vogelkoje, etwa auf halbem Weg zwischen Kampen und List gelegen. Eingerichtet wurde sie mit dänisch-königlicher Genehmigung durch Christian VII. im Jahre 1767. Die Ausbeute betrug in den ersten Betriebsphasen bis zu 40 000 Enten jährlich. Genauere Aufzeichnungen der Fangquoten liegen erst seit 1809 vor. Zwischen diesem Jahr und 1921 wurden insgesamt knapp 700 000 Wildenten erbeutet – eine zweifellos traurige Bilanz und ein erheblicher Verlust für die gefiederte Fauna. Heute gelten vor allem den ziehenden Arten besondere Naturschutzbemühungen.

Vor allem den hübschen Krickenten ging es während der Betriebszeit der Vogelkoje buchstäblich an den Kragen.

Zu den massenhaft erlegten Fangopfern gehörten seinerzeit auch die aus dem Norden zuziehenden Pfeifenten.

Im Jahre 1935 wurde der zunächst einträgliche Massenfang von Enten definitiv eingestellt – einerseits auf der Basis der nunmehr gültigen Reichsjagd- und Naturschutzgesetze (Hermann Göring als damaliger Ministerpräsident und für den Naturschutz zuständiger Reichsforstmeister war ausgewiesener Sylt-Liebhaber!) und andererseits wegen der nunmehr zunehmenden Störungen durch das Militär, die den offenbar sensiblen Entenfang schließlich unrentabel machten. Seit 1935 ist die etwa 10 ha große Anlage mit ihrem artenreichen und schon allein deswegen erlebniswerten Urwäldchen Naturschutzgebiet – die Gehölzbestände werden schon seit Jahrzehnten nicht mehr bearbeitet.

Beeindruckend ist das seit über 90 Jahren nicht mehr forstlich bewirtschaftete Wäldchen der Vogelkoje – für Sylt ein absoluter Glücksfall.

Nach dem Zweiten Weltkrieg übernahm zunächst der Deutsche Bund für Vogelschutz, DBV (heute NABU = Naturschutzbund Deutschland), die Betreuung der Anlage. Seit 1986 ist sie in der Obhut der Söl'ring Foriining. Bei einem Rundgang durch das vorbildlich hergerichtete Informationszentrum ist am Weg eine wieder hergerichtete, aber unbenutzte Fangpfeife zu erleben, ferner das restaurierte Kojenwärterhaus mit einer sehenswerten Dokumentation der betroffenen Vogelarten.

Von einer erhöhten Plattform (mit Besucherfernrohr) an der Wattseite der Vogelkoje bieten sich wunderbare Aus- und Einblicke in das Tidengeschehen im Watt und auf die jahreszeitlich in unterschiedlicher Arten- und Individuenzahl präsenten Watvögel. Außerdem ist die weitreichende Sicht auf das Wattenmeer von List bis zum Hindenburgdamm sowie hinüber zur dänischen Küste bei Hoyer erlebniswert.

Auf Sylt existiert noch eine weitere, im Jahre 1874 angelegte Vogelkoje (Eidum-Vogelkoje) südlich von Westerland, die sich aber als total unrentabel erwies und bald wieder aufgegeben wurde. Sie ist heute ein vom Verein Jordsand eingerichtetes Naturerlebniszentrum und wird derzeit vom Hegering Sylt betreut. Von der dritten Sylter Vogelkoje im Burgtal südlich von Rantum ist kaum noch etwas erhalten.

Morsum-Kliff

Glanzstück unter den Sedimentaufschlüssen der Insel ist das im Osten gelegene Naturschutzgebiet Morsum-Kliff. Die ursprünglich horizontalen Lagen tertiärzeitlicher Ablagerungen mit blauschwarzem Glimmerton, gelbrotem Limonitsandstein und grellweißen Kaolinsanden hat der eiszeitliche Glet-

Das Naturschutzgebiet Morsumkliff im Übergangbereich der rostfarbenen Limonit- und der weißen Kaolinsande

scherschub und -druck hier in mehrere Schollen zerlegt und dabei gegenseitig so überschoben, dass man die gesamte anstehende Schichtfolge auf etwa 2 km Länge gleich dreifach neben- bzw. übereinander beobachten kann. Gerade hier spült die Flut auch immer wieder Fossilien frei – neben einer reichen Muschel- und Schneckenfauna aus dem oberen Tertiär auch Fischzähne und -wirbel sowie Gehörknöchelchen (Otolithen). Etliche Funde sind im Sylter Heimatmuseum in Keitum zu sehen.

Aus dem zeitlichen Vorfeld der Bauzeit des Hindenburgdamms während der frühen 1920er-Jahre stammt die aus heutiger Sicht völlig vermessene Idee, die Sedimente des einzigartigen Morsum-Kliffs abzutragen und für die Dammgründung zu verwenden – Bauingenieure mit ihrer zumeist technisch eingeschränkten Wahrnehmung haben eben oft erkennbar keine Antenne für Landschaftsästhetik und Naturschutzanliegen. Heute ist das Morsum-Kliff mit seiner bezeichnenden Sedimentfolge sogar Nationaler Geotop.

Zu den bemerkenswerten Pflanzenvorkommen im Gebiet des Morsumkliffs gehört der seltene und streng geschützte Lungen-Enzian.

Zum Naturschutzgebiet, das erkennbar unter seinem zeitweilig enormen Besucherdruck leidet, gehört auch eine prächtig entwickelte Zwergstrauchheide mit allen wichtigen Vertretern der Heidekrautgewächse. Ferner gedeiht hier der leider sehr selten gewordene Lungen-Enzian (*Gentiana pneumonanthe*) neben weiteren bemerkenswerten Raritäten der Pflanzenwelt. Auch die Kleintierwelt überrascht mit einigen sehr selten gewordenen Arten. Am Wattrand hat sich ein üppig entwickeltes Salzröhricht angesiedelt, das vor allem aus einer salztoleranten Form des Gewöhnlichen Schilfs (= Reet; *Phragmites australis*) besteht. Zeitweilig hat man die Schilfbestände hier auch für die Gewinnung von Reet für die Dachdeckerei geerntet.

Zu beachten sind die in der Peripherie der Morsumer Heide zahlreich vorhandenen, aber klein dimensionierten Hügelgräber aus der Wikingerzeit.

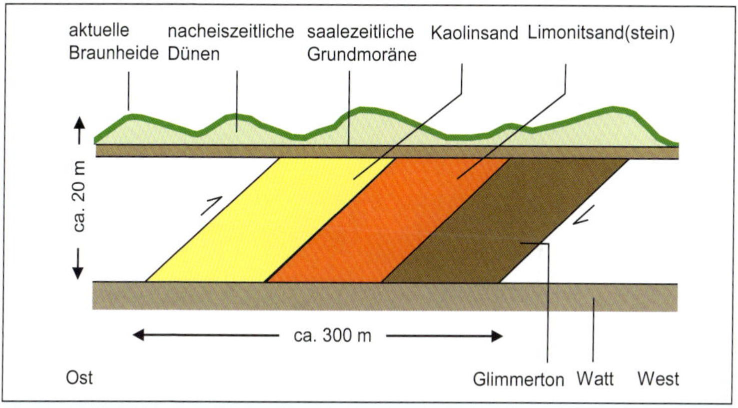

Geologisches Profil durch das Naturschutzgebiet Morsum-Kliff: Die charakteristische Schichtenfolge ist seeseitig durch Verrollen und Verwehen der beteiligten Sedimentglieder nicht immer besonders klar zu erkennen

Naturschutzzentrum der Naturschutzgemeinschaft Sylt

An der Straße zwischen Munkmarsch und Braderup findet sich das ein wenig versteckt liegende Naturschutzzentrum mit seiner sehenswerten Ausstellung zur Sylter Natur, präsentiert in vielen Objekten und Schaubildern. Ein besonderes, weil seltenes Paradestück ist eine Blitzröhre aus miteinander verbackenen Sandkörnern, die ein Blitzeinschlag am Strand hinterlassen hat. Die unbedingt erlebniswerte Einrichtung veranstaltet auch fachkundig geführte Wattwanderungen, Fahrradtouren, Filmabende und Vorträge. Im naturnah gestalteten Freigelände ist ein artenreich bestückter Kräutergarten und ein ebensolcher Teich zu bewundern, in dem prächtig die seltene Krebsschere (*Stratoides aloides*) gedeiht.

Naturschutzzentrum der Naturschutzgemeinschaft Sylt
M.-T. Buchholzstich 10a
25996 Wenningstedt-Braderup
April – Ende Oktober sowie Sondertermine nach Vereinbarung
www.naturschutz-sylt.de
Mo–Sa 10–17 Uhr
Tel. 04651 – 4 44 21

Teichanlage im Garten des Naturschutzzentrums der Naturschutzgemeinschaft Sylt in Braderup mit eindrucksvollem Bestand der Krebsschere.

Eine sympathische Wildnis umgibt das Freigelände des Naturschutzzentrums.

Europareservat Rantumbecken

In den Jahren 1936 und 1937 legte der nationalsozialistische Reichsarbeitsdienst zwischen Rantum und Tinnum einen 5,2 km langen Deich an und grenzte damit ein rund 600 ha großes Gebiet vom freien Watt auf der Sylter Südostseite aus. Die Idee war, hier einen Lande- und Startplatz für Wasserflugzeuge zur Verfügung zu haben, weil sich die offene und meist sehr raue Nordsee für die Manöver dieser ohnehin recht schwerfälligen Fluggeräte nicht eignete. Kaum war das Gebiet abgedeicht, war es auch schon überfällig – aus verschiedenen militärischen Gründen wurde das Rantumbecken als nicht mehr kriegswichtig eingestuft. Zudem war es wohl auch von Anfang an zu klein geplant. Das aufwändig abgedeichte Rantumbecken war also zunächst ein klassischer Megaflop. Später versuchte man den Rantumkoog landwirtschaftlich zu nutzen, aber auch das gelang aus mehreren Gründen nicht nachhaltig. Schließlich missbrauchte man das Gebiet für die unbekümmerte Einleitung der Westerländer Abwässer, die ihm natürlich überhaupt nicht gut bekamen. Eine kostenaufwändige Sanierung hat schließlich das Rantumbecken seit den 1980er-Jahren zu einem wertvollen Lebensraum werden lassen.

Das Rantumbecken von oben – militärisch gesehen ein totaler Flop, aber heute ein bedeutendes Naturschutzgebiet

Das Gewässer im Rantumbecken ist ein ausgedehnter, in seinen westlichen Randzonen von breiten Röhrichtbeständen eingenommener Brackwasserteich. Die landwirtschaftlich genutzten Fluren südlich von Tinnum und Keitum führen ihm das hier in vielen Gräben gesammelte Oberflächenwasser zu. Über ein Siel an der Südflanke des Deichs wird überschüssiges Wasser in das Wattenmeer abgeleitet. Ansonsten nimmt der Wasserstand im Becken nicht am Tidengeschehen des angrenzenden Wattenmeeres teil.

Das Naturschutzgebiet (Europareservat) Rantumbecken hat sich unterdessen zum bedeutendsten Sylter Brutgebiet für See- und Wasservögel entwickelt (denn hier haben die Inselfüchse keinen Zugang): Knapp drei Dutzend Brutvogelarten kann man hier vor allem im Frühsommer erleben. Zu den Vogelzugzeiten (März–Mai sowie August–Oktober) sind viele zusätzliche Arten als Rastgäste zu beobachten. Dieses für die Vogelwelt wertvolle Areal wird vom Verein Jordsand betreut.

Zeitweilig ist der Säbelschnäbler der Typvogel des Rantumbeckens.

Vor allem im Winterhalbjahr kann man im Rantumbecken viele Spießenten erleben.

Das Rantumbecken kann man über den Deich zu Fuß oder per Rad komplett umrunden – der Gesamtweg misst dann etwas mehr als 11 km und ist abschnittweise „total belämmert“, denn hier sind viele Deichschafe unterwegs. Als Einstieg wählt man am besten den Zugang nördlich des kleinen Seglerhafens in Rantum. An dessen Südseite fällt ein kleiner Damm auf, der eigenartigerweise von diversem Bauschutt gekrönt ist – es sind die Abbruchreste von 11 kleinen (historischen) Häusern in Westerland, die man für das abscheuliche Kurzentrum geopfert hat.

Wer für die Beobachtung der Vogelwelt am Rantumbecken mit einem Spektiv unterwegs ist, braucht sein gewichtiges Gerät nicht über die gesamte Deichdistanz zu schleppen – es genügt schon ein kurzer Weg etwa bis zum Siel, um die interessante Vogelwelt in Augenschein zu nehmen. Etliche Bereiche – darunter auch die künstlich angelegten Mini-Inseln an der Deichsüdflanke – sind ein wichtiger Hochwasserruheplatz für die Limikolen, die sonst zur Nahrungsaufnahme auf dem frei gefallenen Watt unterwegs sind. Im Winterhalbjahr kann man hier Spießenten beobachten. Zu den Zugzeiten sind auf den Salzwiesen südlich vom Rantumer Seglerhafen oft Ringelgänse zu sehen.

Im Umfeld des Rantumbeckens halten sich zu den Zugzeiten gerne Ringelgänse auf.

Sylt-Aquarium

Am südlichen Ortsrand von Westerland kann man buchstäblich in Unterwasserwelten abtauchen, deren faszinierende Lebewesen beim bloßen Strandspaziergang so nicht zu erleben sind: In 21 wunderschön gestalteten Schaubecken mit insgesamt 450 m^3 Meerwasser sehen Sie auf dem Rundgang vor der authentischen Kulisse der präsentierten Lebensräume die typischen Meeresbewohner aus der nicht allzu entfernt angrenzenden Nordsee. Eine zweite Abteilung zeigt in sieben Becken die faszinierende Welt der tropischen Meere. Ein anschließender weiterer Höhepunkt ist ein 500 m^3 fassendes großes Becken, in dem Haie und Rochen direkt über Ihren Köpfen schwimmen – erlebbar aus einem 10 m langen gläsernen Tunnel. Unmittelbar vor dem Gebäude des Aquariums ist ein anregendes Outdoor-Kinderparadies mit vielen Aktionsmöglichkeiten angelegt.

Sylt-Aquarium
Gaadt 33
25980 Westerland
Öffnung täglich ab 10 Uhr
Tel. 04651 83 625
info@syltaquarium.de

Eintauchen in spannende Unterwasserwelten – im sehenswerten Sylt-Aquarium kein Problem

Sylt-Museum

Randnah über dem Grünen Kliff von Keitum befindet sich das von der Söl'ring Foriining betreute und ideenreich mit bemerkenswerten Exponaten bestückte Heimatmuseum in einem 1759 erbauten Kapitänshaus. Den Vorgarten betritt man durch einen eindrucksvollen Torbogen aus den beiden Unterkieferknochen eines 18 m langen Finnwals, der im Dezember 1995 bei Wenningstedt angetrieben wurde. Die übrigen im Außengelände ausgestellten Walknochen sind Skelettteile eines weiteren, rund 30 t schweren Finnwals, der zur Jahrtausendwende bedauerlicherweise am Hörnumer Strand lag.

Die Ausstellung präsentiert wichtige Objekte und Phasen der Sylter Geschichte: Themen sind u. a. die Besiedlung seit der Steinzeit, die traditionellen Trachten und natürlich die Seefahrt. Auch die Naturgeschichte der Insel kommt nicht zu kurz – mit einem Überblick über die Inselgeologie und etlichen (vor allem am Morsum-Kliff) geborgenen Fossilien.

Passage durch einen Finnwal-Unterkiefer – so gelangt man zum Sylt-Museum in Keitum.

Die Wohnumstände der Sylter im 18. Jahrhundert vermittelt gleich nebenan das sehenswerte 1739 erbaute Altfriesische Haus mit vielen Anschauungsstücken, die das doch recht mühselige Leben früherer Generationen dokumentieren.

Sylt-Museum
Am Kliff 19
25980 Keitum
Tel. 04651 – 36 669
Öffnung (identisch mit Altfriesischem Haus) April–Oktober: Mo–Fr 10–17 Uhr, Sa und So (sowie Feiertage) 11–17 Uhr, im Winter Do–So 11–15 Uhr
weitere Details unter www.soelring-museen.de

Tierpark Tinnum

Insbesondere – aber nicht nur – für Familien mit Kindern verspricht der 1971 als Privatinitiative eröffnete und bemerkenswert gepflegte Tierpark Tinnum vielerlei Begegnungen mit der heimischen Tierwelt, aber auch mit etlichen exotischen Vertretern der Zwei- und Vierbeinerfauna. Tiere füttern und streicheln ist für die Kleinen immer ein besonderes Erlebnis – praktischerweise kann man am Eingang tiertaugliches Futter erstehen. Darüber hinaus bietet der Tierpark etliche weitere Aktionsmöglichkeiten, beispielsweise Bootfahren auf einem der beiden eigens angelegten Teiche. Erlebnisspaß ist also auf jeden Fall garantiert.

Tierpark
Ringweg 100
25980 Tinnum
04651 – 32 601

Für Kinder bietet der Tierpark Tinnum neben Tierfütterungen eine Menge sonstiger Attraktionen – beispielsweise Bootfahren auf einem der Teiche.

Uwe-Düne

Die höchste natürliche Erhebung von Sylt ist die 52,2 m hohe Uwe-Düne am südwestlichen Ortsende von Kampen, benannt nach der für Sylt politisch bedeutsamen und bemerkenswert umtriebigen Persönlichkeit Jens Uwe Lornsen (1793–1838). Der Dünensand ist hier auf den größten der Sylter Geestkerne aufgeweht worden – zu dessen markanter Abbruchkante (Rotes Kliff) sind es nur ein paar Schritte. Über 120 Stufen kann man die Uwe-Düne erklimmen – für etwaige Kurzatmige sind abschnittweise rettende Sitzbänke vorgesehen. Auf der Aussichtsplattform sind diverse Informationstafeln zur Inselnatur (Geologie, Morphologie, Fauna und Flora) aufgestellt.

Die 52 m hohe Uwe-Düne in Kampen als höchste Inselerhebung bietet fantastische Rundblicke.

Vom absoluten Höhenpunkt Sylts auf der Uwe-Düne bietet sich ein gigantisch eindrucksvoller Rundblick über den gesamten nördlichen Insel- bzw. Naturraum: Man hat beide Sylter Meere – die westlich offene Nordsee und das östlich angrenzende Wattenmeer – im Blick und dazwischen die vor allem im Spätsommer imposante Dünen- bzw. Heidelandschaft des Geestkerns bzw. des nördlichen Nehrungsarms. Der Blick nach Süden ist nicht ganz so erfreulich, denn hier fällt der etwas penetrante Wennigstedter Campingplatz in den Blick und natürlich das unsägliche Kurzentrum von Westerland.

Der Zuweg zum Aufstieg der komplett verheideten Uwe-Düne und die Treppenanlage selbst erlauben direkte Einblicke in die interessante Pflanzenwelt. Zur (spät)sommerlichen Blütezeit sind hier auch zahlreiche Falter unterwegs, die man bei ihren Flüssigmenüs auf den Blüten bestaunen kann, sofern man sie im städtischen Ambiente zu Hause nicht (mehr) wahrnimmt.

Wanderdünen im Listland

Die weitaus meisten Dünen auf Sylt sind heute festgelegt – als stabile Graudünen oder als weit fortgeschrittene Braundünen. Oft hat der Mensch durch gezielte Anpflanzung von stabilisierenden Dünengräsern (meist Strandhafer, in Nordfriesland üblicherweise Halm genannt) mehr oder weniger erfolgreich nachgeholfen.

Einmal quer rüber: Die eindrucksvollen Wanderdünen im Listland aus der Möwenperspektive – und ein Eindruck der beiden Sylter Meere

Im Listland können aber einige noch unbefestigte und recht massive Sandkörper (bis knapp 30 m Höhe) vor dem überwiegend aus westlichen Richtungen wehenden Wind weiter in Bewegung bleiben: Die noch nicht von Bewuchs gefestigten Lockermassen sind nach wie vor ein Spiel des Windes und bewegen sich auf ihrer Leeseite eventuell um Meterbeträge pro Jahr nach Osten.

Eine der drei Wanderdünen im Listland kann man bereits unmittelbar von der Fahrstraße zwischen Kampen und List aus live erleben. Es wird nicht mehr lange dauern, dann wird diese wichtige Verbindungsstraße zwischen zwei bedeutenden Inselorten nicht mehr passierbar sein, weil sie schlicht überrollt wird. Wie die öffentliche Ordnung im Nordteil von Sylt mit dieser Herausforderung umgehen wird, ist noch nicht absehbar.

Die östlichste der Wanderdünen im Listland ist der Fahrstraße nach List schon bedenklich nahegerückt.

Die übrigen und recht ausgedehnten Lister Wanderdünen sind von der alten (und bemerkenswert holperigen) Militärstraße zum Weststrand aus zu erleben. Noch eindrucksvoller ist ein Blick in das Dünenparadies des Listlandes von einer Aussichtsplattform aus: Man erreicht sie vom südlichen Ortsende Lists ungefähr gegenüber der Straßeneinmündung „Am Loop" über eine rund 190 Stufen umfassende Treppen-/Bohlenweg-Anlage.

Wanderdünen sind hervorhebenswerte Naturphänomene. Für die Sylter Wanderdünen gilt daher verständlicherweise ein striktes Betretungsverbot.

Weinbau auf Sylt

Mit der überraschenden Frage, ob auf Sylt Wein angebaut wird, können Sie getrost jede Wette eingehen, denn es gibt auf der Insel seit 2009 in Keitum (wenig nördlich von St. Severin) tatsächlich eine Rebflur. Weinberg kann man sie nicht nennen, denn sie gedeiht auf der nahezu tellerebenen Geest und ist insofern eher ein Weingarten. Der aus dem Rheingau stammende Initiator und erfahrene Winzer hat hier auf 0,3 ha Fläche 1600 Weinstöcke angepflanzt, und zwar 1100 Solaris- und 500 Rivaner-Reben. Sie gedeihen hier bei durchschnittlich etwas mehr als 1700 Sonnenscheinstunden (rund 130 mehr als im Rheingau) prächtigst.

Weinbau auf Sylt in Keitum: Gegen unwillkommene Traubenverkoster ist die Ernte gut gesichert.

Die weiße Rebsorte Solaris ist eine Neuzüchtung aus dem Jahre 1975, entwickelt in Freiburg/Br. aus der Kreuzung von (relativ unbekanntem) Merzling und Muscat Ottanel. Aus dem Lesegut wird neuerdings kein Wein mehr, sondern Sekt hergestellt. Rivaner (= Müller-Thurgau) ist eine schon länger (seit 1888) bekannte Kreuzung von *Ri*esling und Sil*vaner*. Allerdings weiß man heute auf der Basis genetischer Untersuchungen, dass neben dem Riesling tatsächlich nur die Rebsorte Gutedel (Chasselas) als Kreuzungspartner am Erbbild dieser Rebe beteiligt ist. Die Rivaner-Rebe ergibt nach fachkundigem Urteil meist eher dünne und flache Weine – von Ausnahmen natürlich abgesehen. Warum für den Keitumer Weingarten die Wahl auf diese relativ langweilige Rebsorte fiel, bleibt unklar.

Weißes Kliff

Das Schichtprotokoll einer in den 1990er-Jahren südlich von Rantum (im Burgtal) bis auf 657 m Endteufe niedergebrachten Bohrung zur Erschließung der ominösen Sylt-Quelle vermerkt ab etwa 12 m Bodentiefe ein ungefähr 80 m Schichtmächtigkeit messendes Lager von hellen (fast weißen) Kaolinquarzsanden, die im Oberen Tertiär vor etwa 3 Mio. Jahren (Pliozän) von einem skandinavischen Flusssystem eingeschüttet wurden. Im Geotop Morsum-Kliff sind einzelne Schollen davon durch gletscherbedingte Eispressung über

Das Weiße Kliff bei Braderup, ein Aufschluss mit hellen Kaolinsanden, zeigt mit seiner Kreuzschichtung eindrucksvoll die wechselnde Sedimentschüttung aus dem Spättertiär.

andere (ältere) Schichtglieder geschoben worden. Vor dem erlebniswerten Naturschutzgebiet Braderuper Heide sind sie in einem kleinen und nur wenige Meter hohen Kliff ebenfalls aufgeschlossen. Vom Strand aus kann man die Schichtfolgen direkt in Augenschein nehmen. Beim genaueren Hinsehen fällt die ausgeprägte Kreuzschichtung einzelner Lagen auf – strikt horizontal abgelagerte Schichtglieder treffen hier direkt auf Lagen in unterschiedlicher Schrägstellung. Im oberen Teil des (meist wenig beachteten) Aufschlusses fallen viele merkwürdige Löcher von ungefähr faustgroßem Durchmesser auf – es sind die Eingänge der Brutröhren, die sich die hier im Sommerhalbjahr präsenten Uferschwalben gegraben haben.

Oberhalb des Weißen Kliffs verläuft ein abschnittweise mit Treppen/Bohlen bestückter Weg entlang der Braderuper Heide, der zu den schönsten Wanderpfaden an der Wattenmeerseite gehört. Man kann ihn mit ständig wechselnden Landschaftseindrücken bis nach Keitum gehen.

Meer und Strand – Faszination pur auf vielen Erlebnisebenen.

Schlusszitat:

An diesem erschütternden Meer habe ich tief gelebt.

Thomas Mann (1875–1955)

Bildnachweis

Bellmann, Heiko (über Frank Hecker) 140

Blickwinkel (über Frank Hecker): 26 (o), 78 (o), 83 (o), 90 (u), 97, 99, 101, 107, 143, 150

Bräck, Manuela (über Frank Hecker) 46

Erlebniszentrum Naturgewalten/Walter Koernig; 26 (u)

Gäbler, Michael (über Frank Hecker) 33 (u)

Gosselck, Fritz: 17, 56 (u), 83 (u), 145

Hecker, Frank: 64 (u), 86 (2), 87, 89, 90 (o), 91, 92 (u), 93, 94, 96 (u), 98, 100 (2), 106, 121, 137 (2), 144 (2)

Kremer, Bruno P.: 3, 8, 9, 10 (2), 11, 12, 13, 15, 16, 19, 21, 22, 23 (2), 27, 28, 29 (2), 30, 34, 36, 37 (2), 38 (2), 39, 42, 43, 47, 49, 52, 54, 55, 56 (o), 57, 59 (2), 60, 61 (2), 63 (u), 64 (o), 66 (2), 67 (2), 68, 69, 70, 71, 72, 73, 74, 75, 76, 77, 78 (u), 79, 80, 82, 88, 92 (o), 95 (2), 96 (o), 103, 108, 110, 111, 112 (2), 114, 115 (2), 117, 118, 119, 120 (2), 123, 124, 125, 126, 127 (2), 128 (2), 129, 131, 132, 133 (2), 134, 136, 138, 139, 141, 142 (2), 146, 147, 148, 149, 151, 152, 153, 154

Lüthje, Erich: 63 (o)

Miemietz, Bärbel (über Frank Hecker): 31, 65

Roletschek, Ralf (über Frank Hecker): 33 (o)

Zum Weiterlesen

Beerwald, S.: 111 Orte auf Sylt, die man gesehen haben muss. Emons, Köln 2021.

Beerwald, S.: 22 Touren auf Sylt, die man gemacht haben muss. Emons, Köln 2022.

Bergmann, H.-H.: Vogelfedern an Nord- und Ostsee. Finden und Bestimmen. Quelle & Meyer, Wiebelsheim 2010.

Bremen, S. von: Gebrauchsanweisung für Sylt. Piper, München 2022.

Carson, R.: The Edge of the Sea. MacMillan, Boston 1955 (deutsch: Am Saum der Gezeiten. Biederstein Verlag, München 1957).

Falke-Redaktion (Hrsg.): Weitere 25 empfehlenswerte Vogelbeobachtungsplätze in Deutschland. Quelle & Meyer Verlag, Wiebelsheim 2012.

Glebe, W.: Ebbe und Flut. Das Naturphänomen der Gezeiten einfach erklärt. Delius Klasing Verlag, Bielefeld 2010.

Gosselck, F. & B. P. Kremer: Naturparadies Nordsee. Faszinierende Erlebnistouren durch acht Länder. Quelle & Meyer Verlag, Wiebelsheim 2019.

Heydemann, B.: Neuer Biologischer Atlas. Ökologie für Schleswig-Holstein und Hamburg. Wachholtz Verlag, Neumünster 1997.

Janke, K. & B. P. Kremer: Düne, Strand und Watt. Tiere und Pflanzen unserer Küsten. 9. Auflage, Franckh-Kosmos Verlag, Stuttgart 2022.

Kremer, B. P.: Vom Strandkorb aus betrachtet. Faszinierendes, Überraschendes und Unvermutetes von der Meeresküste. Springer, Heidelberg 2021.

Kremer, B. P., F. Gosselck & K. Janke: Erlebnis Küste. Naturkundliche Streifzüge an Nord- und Ostsee. Quelle & Meyer Verlag, Wiebelsheim 2012.

Kremer, B. P. & F. Gosselck: Die Küste. Lebensräume zwischen Land und Meer. Wissenschaftliche Buchgesellschaft, Darmstadt 2018.

Kronberg, I.: Mein Leben vor dem Krabbenbrot. Die Nordseegarnele *Crangon crangon* erzählt. Boyens Buchverlag, Heide 2015.

Meier, D.: Die Nordseeküste. Geschichte einer Landschaft. Boyens Medien GmbH, Heide 2006.

Meier, D.: Sylt – Eine Landschaftsgeschichte. Boyens Buchverlag, Heide 2018.

Meier, D., H. J. Kühn & G. J. Borger: Der Küstenatlas. Das schleswig-holsteinische Wattenmeer in Vergangenheit und Gegenwart. Boyens Buchverlag, Heide 2013.

Moning, C. & F. Weiß: Vögel beobachten in Norddeutschland. 2. Aufl., Franckh-Kosmos-Verlag, Stuttgart 2010.

Pfeifer, G.: Die Vögel der Insel Sylt. Husum Druck- und Verlagsgesellschaft, Husum 2003.

Reise, K. (Hrsg.): Kurswechsel Küste. Was tun, wenn die Nordsee steigt? Wachholtz, Neumünster 2015.

Reise, K.: Das Watt. Wunderwelt zwischen Land und Meer. Rowohlt, Reinbek 2022.

Reise, K. &. A. S. Maclean: Dünen. Wiederentdeckung einer geheimnisvollen Landschaft. KJM Buchverlag, Hamburg 2018.

Richarz, K. & B. P. Kremer: Geniale Tiere. Anekdotisches, Bewundernswertes und Erstaunliches aus allen Bereichen unserer Fauna. Springer, Heidelberg 2019.

Rudolph, F.: Strandsteine. Sammeln und Bestimmen. Wachholtz Verlag, Neumünster 2007.

Strasser, M., C. Buschbaum, K. Reise & D. Thieltges (Hrsg.): Warum ist die Scholle platt? Sylt und das Meer – Fragen und Antworten rund um die Nordsee. Windstärke Sylt Verlag, List 2005.

Vahrenholt, F. & S. Lüning: Unerwünschte Wahrheiten. Was Sie über den Klimawandel wissen sollten. Langen Müller Verlag, München 2020.

Walmont, A. de: Und an den Rändern nagt das Meer. Knesebeck Verlag, München 2021.

Wiese, V. & K. Janke.: Die Meeresschnecken und -muscheln Deutschlands. Finden – Erkennen – Bestimmen. Quelle & Meyer Verlag, Wiebelsheim 2021.

Empfohlene Karten

Wander- und Freizeitkarte 1 : 25 000, Blatt 21 Sylt. Schleswig-Holsteinisches Landesamt für Vermessung und Geoinformation, Kiel 2018.

ferner

Topographische Karte 1 : 25 000

- Blatt 0916 List auf Sylt
- Blatt 1015 Westerland (Sylt)
- Blatt 1016 Kampen (Sylt)
- Blatt 1115 Rantum (Sylt)
- Blatt 1116 Keitum (Sylt)
- Blatt 1215 Hörnum (Sylt)

Register

A

Abendweite 40

Abgliederungsinsel 20

Abweichungen Gezeiten 52

Alfred-Wegener-Institut 16

Alpenstrandläufer 87, 91

Amphidromie 51

Amrum-Odde 21

Andromeda-Galaxie 45

Anlaufpunkte 12

Arche Wattenmeer Hörnum 133

Archsumburg 30

Artenschutz 36

Aufbauformen 20

Auster, Pazifische 124

Auster, subfossil 115

Austernbänke 124

Austernfischer 87, 90

B

Barriereinsel-Bogen 110

Bäumchen-Röhrenwurm 118

Beifuß, Strand- 79

Bempohl-Ereignis 25

Beobachtungsethik Robben 102

Berg-Kiefer 69

Bernstein 23

Bernstein-Kiefer 24

Bernsteinwald 24

Besenheide 65, 66, 67

Besucheraufkommen 9

Big Five 99

Biotopschutz 36

Blasentang 118

Blöcke, erratische 22

Braderuper Heide 129

Brandgans 87

Braundüne 67

Breitenkreis 55 auf Sylt 14

Bronzeskulptur Westerland 38

Bronzezeit 30

Brut- und Rastgebiet 37

Bucht, Keitumer 71

C

Carson, Rachel 108

Cluster 58

Coriolis-Kraft 54

D

Dammverbindung 32

DB-Shuttle 33

Decksteine 28

Denghoog 29

Diatomeen 115

Dolmen 28

Drehtide 51

Dünamik 62

Dünenketten 20
Dünenlandschaft 57
Dünenlandschaften, Abfolge 68
Dünen-Rose 69

E

East Atlantiv Flyway 82, 83, 91
Eidum-Vogelkoje 131, 132, 139
Einwohner Sylt 14
Eisenzeit 30
Eiszeit-Erbe 19
Ellenbogenspitze 12, 21
Enzian, Lungen- 140
Erdhügel 28
Erlebniszentrum Naturgewalten 134
Europareservat Rantumbecken 143

F

Federfunde 95
Feinrelief 60
Feld-Sandlaufkäfer 62
Feld-Ulme 69
Fering 32
Fetch 55
Feuerstein 30
Feuersteinknollen 22
FFH-Gebiet 37
Findlinge 22, 28
Finnwal-Unterkiefer 147
Flächengröße Sylt 14
Flechten 64, 65
Flint 22, 23, 30
Fluss-Seeschwalbe 86
Flying Five 87
Föhr 21
Friesen 31
Friesenwall 21, 22, 68
Frühgeschichte, Sylter 27
Fundstücke 94

G

Gabelbandalge 127, 128
Ganggräber 29
Gebirge, Kaledonisches 18
Geest, Hohe 19, 24
Geestkerne 19, 20
Geestreste 25
Geißblatt 67
Geisterfischer 38
Geodynamik 25
Geschiebe, saalezeitliche 19
Gestaltungsformen Sandstrand 61
Gezeiten 48, 49
Gezeitenkalender 48, 50
Gezeitenwelle 51
Gletscher 19
Gletscherschurf 22
Glocken-Heide 65, 66, 67
Grabhügel 28
Grabhügelfelder 31
Graudüne 64, 65
Großsteindenkmäler 28

Grunddaten, bioklimatische 42
Grünes Kliff 12
Grünländer 10

H

Haarqualle, Gelbe 125, 126
Hähnle, Lina 81
Halligen 20
Halligflieder 80
Halligflieder-Spitzmausrüsselkäfer 80
Halmpflanzung 37
Halophyten 72
Harhoog 29
Heide, Braderuper 129
Heidekrautgewächse 10, 65
Heidelandschaft 10
Hering 15
Herzmuschel 116
Hindenburgdamm 32, 33, 34
Hörnum-Odde 26

I

Inselflanken 9
Inselgeologie 18
Inselkarte 12
Inselkontur 12, 20
Inselmomente 17
Inseln, Nordfriesische 9
Inselsilhouette 12, 14

J

Julianenflut 24
Jungsteinzeit 27, 30
Jura-Zeit 18

K

Kampener Vogelkoje 135, 136, 138
Kaolinsande 139, 153
Kapillarwellen 55
Kegelrobbe 99, 100, 101
Kiefer, Berg- 69
Kiefer, Bernstein- 24
Kieselalgen 115
Kliff, Grünes 12
Kliff, Rotes 19
Kliff, Weißes 153
Kliffkante 19
Klima, Sylter 41, 43
Kniepsand 47
Köcherwurm 59
Königshafen 74
Koordinaten Sylt 14
Krebsschere 142
Kreuzkröte 64
Krickente 137
Kriech-Weide 64
Krustensockel 18
Kurbetrieb, Beginn 14
Küstenlänge Sylt 14
Küstensaum, ehemaliger 20

L

Lagunen 25

Landschaftsschutz 35

Landschaftsschutzgebiete 37

Landsenkung 20

Landverlust Sylt 25

Langhügel 30

Lebensraumserie 11

Limikolen 87, 92

Listland 20, 21

Listland-Wanderdünen 149, 150

Löffelente 86

Lornsenhain 69

Luftdruck 53

Lungen-Enzian 140

M

Mahnmal Bronzeskulptur 38

Mandränke, Grote 24

Mangin, Serge 38

Mangrove 78

Marcellusflut 24

Marschland 25

Materialschub 19

Mauser 93, 95

Meeresspiegelanstieg 20

Meereswellen 56

Meersenf 62

Megalithdenkmäler 28

megatidal 109

Mejer, Johannes 24

mesotidal 109

Meteore 45

Miesmuscheltang 119

mikrotidal 109

Milchkraut, Strand- 77

Milchstraße 44

Mittelneolithikum 27

Möller, Boy Peter 9

Mond 44

Moränen 19, 21

Morgenweite 40

Morsum-Kliff 139, 141

Munkmarsch 32

N

NABU 81

Nationalpark 112

Nationalpark Schleswig-Holsteinisches Wattenmeer 11

Naturerbe, Nationales 11

Naturgewalten, Erlebniszentrum 134

Naturlandschaften, Nationale 11

Naturraum, Schönheiten 16

Naturschutz 35

Naturschutzgebiete 35, 36

Naturschutzgemeinschaft Sylt 141

Naturschutzzentrum Braderup 141

Naumann, Friedrich 81

Nehrungsarm 20

Nehrungsarme 10

Neolithikum 27
Nesselqualle – Erste Hilfe 126
Netzsäcke 124
Niedrigwasser 49
Nielönn 73
Nixentaschen 127
Nordseebecken 18
Nordseegarnele 116
Normaltide, Ablauf 49

O

Öömrang 32
Opal 22
Orkan 25
Ortslagen Sylt (Karte) 12

P

Pantoffelschnecke 122, 123
Pappel, Silber- 69
Perm 18
Perseiden 45
Pfeifente 137
Pfuhlschnepfe 89
Platte, Eurasische 18
Plattentektonik 18
Plattmuschel 59
Poches 124
Polarlicht 45, 46
Pottwal in St. Severin 103
Priele 111

Q

Quallen 124
Quellerfluren 74, 75

R

Randmeer Nordsee 18
Rantumbecken, Europareservat 143
Rantumburg 30
Ringelgans 87, 145
Rippelmarken 60, 61
Rivaner 153
Rodenberg, Julius 17
Röhrenbewohner 117
Rømø-Damm 35
Rose, Dünen- 69
Rose, Runzelblättrige 69
Rotes Kliff 19
Rotschenkel 92

S

Saale-Kaltzeit 19, 28
Säbelschnäbler 144
Salzgehalt 53
Salzkäfer 78
Salzmelde, Strand- 78
Salzmiere 62
Salzpflanzen 72
Salz-Schuppenmiere 79
Salzschwaden, Strand- 77
Salztorfabbau 20
Salzwiesen 71

Salzwiesen-Zonierung 73
Sand 57
Sanddorn 64
Sanderling 92
Sandkörner 58, 59
Sand-Segge 64
Sandvorspülung 21
Sandwatt 113
Save our Seas 38
Schaumbildung 55
Schlickgras 77
Schlickwatt 114
Schnabellänge 88
Schreibkreide 22
Schuppenmiere, Salz- 79
Schweinswale 105, 106
Sechsstundenland 110
See, die 54
Seebad Westerland 14
Seebad Westerland 32
Seegras, Zwerg- 73, 74
Seehund 97, 98, 99, 100, 101
Seehundbänke 97
Senkungsgebiet 18
Shetland-Welle 51
Silbergras 64, 65
Silbermöwe 87
Silber-Pappel 69
Silberrinnenwelle 51
Small Five 116
Sode, Strand- 76
Söl'ring Foriining 31
Solaris (Rebsorte) 152
Sölring 12
Sommerdreieck 45
Sonnenaufgang 39, 40, 41
Sonnenuntergang 39, 40, 41, 43
Sonnenwind 46
Speiballen 96
Spießente 144
Sprache, friesische 12
Spülsaumlinien 52
Stechginster 67
Steinriegel 22
Sternenhimmel 44
Sternschnuppenschwarm 45
Strandabgang List 26
Strandaster 79
Strand-Beifuß 79
Stranddistel 63
Strandflieder 79, 80
Strandhafer, Blattquerschnitt 63
Strandkrabbe 116
Strandkrabben 119, 120, 121, 122
Strandlänge 14
Strand-Milchkraut 77
Strandnelke 79
Strandpromenade Westerland 21
Strand-Quecken 62
Strand-Salzmelde 78
Strand-Salzschwaden 77
Strand-Sode 76

Strandwallsystem 109
Strand-Zaunwinde 64
Strömungsrippeln 60
Sturmflut 25
Sturmfluten 24
Sumpfohreule 94
Sylt in Zahlen 14
Sylt, Namengebung 15
Sylt-Aquarium 145, 146
Sylter Royal 124
Sylter Sandstrand, Gliederung 61
Syltfähre 34
Sylt-Flagge 15
Syltfriesisch 32
Syltkarte 12
Sylt-Museum 146

T

Tagesbogen 40
Tageslänge 40
Tang 118
Tiden 48
Tidendeutsch 50
Tidenregime 109
Tiefgang-Tiere 116, 117
Tiere mit Tiefgang 116, 117
Tierpark Tinnum 147
Tinnumburg 30, 31
Tipkenhoog 28
Topographie Sylt 12
Tragsteine 28
Traubenkirsche, Spätblühende 131
Trichterbecherkultur 27

U

Uferschnepfe 90
Uferschwalben 153
Ulme, Feld- 69
UNESCO-Weltnaturerbe 11, 112
Uthlande, friesische 20, 24, 25
Uthörn 21
Uwe-Düne 39, 149
Uwe-Düne 39

V

Vogelbeobachtung kompetent 84
Vogel-Beobachtungsplätze 85
Vogelfeder, Aufbau 95
Vogelkoje, Eidum- 131, 132, 139
Vogelkoje, Kampener 135, 136, 138
Vogelschwärme 83, 96

W

Wälder auf Sylt 68
Wale 104
Walschutzgebiet 12, 105
Walstrandung 106, 107
Wanderdünen Listland 149, 150
Wasserbrücken 59
Wassertemperatur 53
Watt 108, 109, 110
Watt, Braderuper 74

Wattenmeerseite 10
Wattschnecke 116
Wattvögel 86
Wattwurm 116, 127
Watvögel 87
Weinbau auf Sylt 152
Weißdüne 62, 64
Weißes Kliff 153
Wellen, Sylter 47
Wellenfurchen 60, 61
Wikingerzeit 30, 31
Windflut 25
Windschur 70
Wurzelmundqualle 124, 125

Z

Zahnwale 105
Zechstein 18
Zwerg-Seegras 73, 74
Zwergseeschwalbe 93
Zwergsträucher 65

Die atemberaubende Natur Helgolands kennenlernen!

Helgoland zählt zu Deutschlands schönsten Naturwundern. Die beliebte, küstenfernste Urlaubsinsel ist dreigeteilt und besteht aus der roten Hauptinsel sowie der Düneninsel, getrennt durch die rund 800 m breite Helgoländer Nord- und Südreede. Bruno P. Kremer und Fritz Gosselck beschreiben in diesem handlichen Naturführer u. a. die Inselgeologie, die Inselflora und -fauna sowie die marine Umwelt Helgolands. Naturbegeisterte, die sich für Gesteine, die Tier- und Pflanzenwelt sowie die vielen faszinierenden Aspekte von Helgoland und der umrahmenden Nordsee interessieren, finden in diesem Buch eine Fülle an spannenden Informationen und Anregungen.

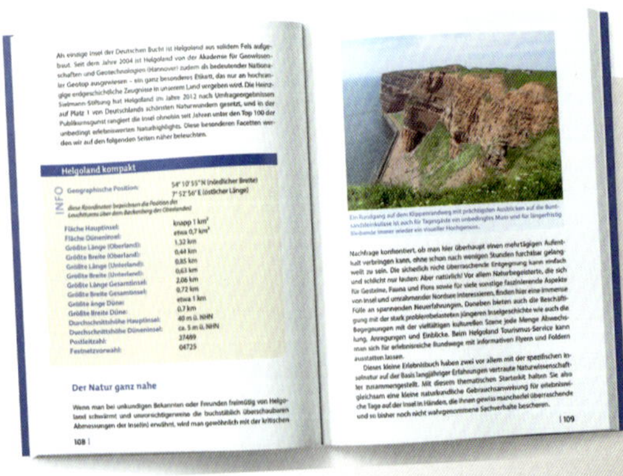

Bruno P. Kremer / Fritz Gosselck

Helgoland
Ein Naturreiseführer

168 S., 140 farb. Abb., kart., 12 x 19 cm,
ISBN 978-3-494-01918-5
Best.-Nr.: 494-01918
€ 19,95

Preisstand 2023 · Änderungen vorbehalten

Quelle & Meyer Verlag GmbH & Co.
Industriepark 3 · 56291 Wiebelsheim · www.quelle-meyer.de
vertrieb@quelle-meyer.de · Tel.: 0 67 66 / 903-140 · Fax 0 67 66 / 903-320